不确定条件下的应急资源布局问题研究

张 玲 著

中国财富出版社

图书在版编目（CIP）数据

不确定条件下的应急资源布局问题研究/张玲著．—北京：中国财富出版社，2013.12

ISBN 978-7-5047-5077-8

Ⅰ.①不…　Ⅱ.①张…　Ⅲ.①自然灾害—应急系统—资源配置—最优化算法—研究　Ⅳ.①X432

中国版本图书馆 CIP 数据核字（2013）第 308164 号

策划编辑　王宏琴　　　责任印制　何崇杭
责任编辑　韦　京　禹　冰　　　责任校对　梁　凡

出版发行　中国财富出版社（原中国物资出版社）
社　　址　北京市丰台区南四环西路 188 号 5 区 20 楼　　邮政编码　100070
电　　话　010-52227568（发行部）　　010-52227588 转 307（总编室）
　　　　　010-68589540（读者服务部）　　010-52227588 转 305（质检部）
网　　址　http://www.cfpress.com.cn
经　　销　新华书店
印　　刷　北京京都六环印刷厂
书　　号　ISBN 978-7-5047-5077-8/X·0009
开　　本　710mm×1000mm　1/16
印　　张　8.25　　　版　　次　2013 年 12 月第 1 版
字　　数　127 千字　　　印　　次　2013 年 12 月第 1 次印刷
印　　数　0001—1000 册　　　定　　价　30.00 元

前　言

近年来，世界上发生了一系列突发事件，既有地震、海啸等自然灾害，又有恐怖袭击等公共安全事件，造成了大量的人员伤亡和巨额的经济损失。随着各类灾害发生越来越频繁，如何利用科学和系统的方法对应急管理中的若干问题进行有效的研究成为热点问题。随着人们对各种突发事件认知程度的加深，应急管理水平也在不断提高，但是，近年来发生了许多非常规突发事件，针对这类问题的应急管理研究仍需要新的思路与工具。

对应急资源布局中面临的不确定性因素的深入研究使我们认识到，问题的不确定性难以刻画，各种不确定突发事件的低概率、高损失等特点，使传统的不确定性理论用于应急物流管理的不确定性建模时，面临许多新的问题。从应急资源管理的角度还需要进一步深入研究。

本书首先分析了应急物流管理中面临的各种不确定性，对应急物流体系的基本框架及其发展历程进行了阐述。其次，对应急物流体系中的基本问题——应急资源布局问题的研究成果进行了归纳总结，对不确定性条件下的应急资源布局的相关问题进行了文献综述。在此基础上，针对地区级应急供应中心选址和应急物资的配置问题，从解决不确定性数据的方法上展开研究。具体内容分为以下三部分：

第一，考虑到将来可能面对的不同种类、不同级别的灾害，利用分类分级的原则来解决某个地区的应急资源的选址和应急资源配置问题。根据分级的原则，按照灾区分组和情景分析的方法确定低级别情况下的各个灾区应急物资需求。同时，利用生存概率密度函数得到营救人数，求得高级别时的工作效率。针对某个区域内的应急资源布局问题，建立了一个适于多点需求、多点救助的双目标规划模型，解决面对不同级别的应急选址问题以及与不同级别相对应的应急资源配置决策。

第二，利用情景分析的方法进行应急资源配置问题研究。在某个地区建立一个大型的应急供应中心，根据将来可能发生的灾害进行资源配置。考虑到灾害发生的地点、时间和规模的不确定性，利用情景分析的方法，解决针对自然灾害的应急资源布局问题。以地震为背景，将灾害发生后的情景划分成两个阶段的随机事件，前一个阶段表示灾害刚发生后，震源的位置和震级的大小；后一个阶段表示震源和震级确定后，各个灾区的需求量。利用有限个情景表示不确定性数据，建立应急资源配置的多阶段随机规划模型。在求解方法上也进行了创新，通过松弛非预期约束，并利用分支定界算法求解 Lagrangean 松弛问题。数值试验表明建立的模型是实际可行的，而且算法也是有效的。

第三，假设在几个应急供应中心已经确定的情况下，针对发生的突发事件需求量的变化比较大时，利用鲁棒优化的思想解决应急资源的配置问题。考虑灾害发生时需求不确定的条件，建立了二阶段决策数学规划模型，解决突发事件的应急资源配置问题。将灾害发生后的各个灾区的需求量表示为区间型数据，并且利用可调整鲁棒优化的思想解决含有不确定需求的资源配置模型。数值试验表明，建立的模型是实际可行的，求解方法保证了应急资源配置方案的鲁棒性。

最后，对本书的研究工作进行总结，并对以后的研究进行展望。

作者

2013 年 10 月

目　录

1 绪 论

1.1 研究背景

人类自诞生起就面临着许多不可预见的事情，处处充满着不确定性。随着精神文明和物质文明的不断发展，人类对世界的认识也发生了翻天覆地的变化，由原来对突如其来的灾害毫不知情发展到现在对灾害的发生机理进行科学的研究，客观地认识和分析世界，并且能够在一定程度上进行预报和预防，这是人类文明巨大的进步。随着科技水平的提高和社会化进程的加快，人类对世界的认识和改造速度还在不断地刷新着纪录。但是，随着人类认识世界和控制自然的能力不断提高，人与自然、社会组织，人与人之间的竞争和矛盾冲突也不断加剧，在改造世界的同时还带来了一系列的破坏风险。随着新世纪的到来，人类社会面临的内部压力与自然的侵扰反而有加剧的趋势，各种突发事件频繁发生。2001 年的“9·11”恐怖袭击、2003 年的 SARS 疫情、2005 年的印度洋海啸、2008 年的中国南方冰冻雨雪灾害、“5·12”汶川大地震、2009 年莫拉克台风造成的台湾水灾，以及 2010 年我国西南地区发生的百年不遇的大旱。这一系列的突发事件及由此引发的次生灾害都造成了巨大的人员伤亡和财产损失。

我国幅员辽阔，地理气候条件复杂，自然灾害种类多且发生频繁，几乎所有的自然灾害，如水灾、旱灾、地震、台风、雪灾、山体滑坡等，每年都有发生。中国是世界上自然灾害损失最严重的少数国家之一。据统计，一般年份全国受灾害影响的人口约2亿人，其中因灾死亡数千人，需转移安置300多万人，农作物受灾面积4000多万公顷，成灾2000多万公顷，倒塌房屋300万间左右。灾害已成为制约国民经济持续稳定发展的主要因素之一。

另外，随着国民经济持续高速发展、生产规模扩大和社会财富的积累，加上我国人口众多，各种人为灾害等造成的损失有日益加重的趋势。我国正处于“经济转轨，社会转型”的关键时期。根据世界发展进程的规律，在社会发展序列谱上我国当前恰好对应着“非稳定状态”的频发阶段，即在国家和地区的人均GDP处于500～3000美元的发展阶段，往往对应着人口、资源、环境、效率、公平等社会矛盾的瓶颈约束最严重的时期，也往往是“经济容易失调、社会容易失序、心理容易失衡、社会伦理需要调整重建”的关键时期。各种人为因素的突发事件，不仅为我国社会带来了无法估量的生命和财产损失，同时还可能引发社会恐慌与动荡。在这样的大环境下，如何处理好各种常规和非常规的突发事件，使应对突发事件由“事后分析”向“事前准备”过渡，由“被动应付”向“主动应对”转变，是应急管理领域要解决的关键问题。

随着我国经济快速发展和现代化进程加快，各种传统的和非传统的、自然的和社会的安全风险将交织并存，应急管理工作形势险峻。因此，一个国家是否具备现代意义上的应急管理能力，能否应对突发事件，不仅关系到国家安全和社会稳定，更关系到人民的生命财产安全，还将对整个经济社会发展产生广泛而持续的影响。联合国已专门提出“与危机共存”的战略思维，强调将突发事件应急管理纳入社会和组织的常态管理中。

自从第一个应急管理国际组织国际应急管理协会（The International Emergency Management Society，IEMS）于1993年在华盛顿成立后，应急管理理论研究逐渐发展起来。随着突发事件的增多，应急管理在我国也得到了越来越多的重视。我国应急管理的发展始于2003年。2003年“非典事件”事件以后，国家认识到建立快速有效的应急反应机制的重要性，提高了对突发公共事件应对工作的重视程度，国务院提出了加快突发公共事件应急机制建设的要求。2005 年，国家级的全面应急管理办公室成立；2006 年，国务院发布《国家突发公共事件总体应急预案》；2007 年，国家颁布实施了《中华人民共和国突发事件应对法》。同年，党的十七大又进一步指出要完善突发事件应急管理机制。总的来讲，我国的应急管理体系建设的核心内容被简要地概括为“一案三制”，即应急预案，应急管理体制、机制和法制。2009 年上半年开始，肆虐全球的“H1N1”甲型流感在我国得到了较为有效的应对。

在理论研究方面，国内各界学者也展开了很多工作，中国科学院、清华大学、北京师范大学等单位先后成立了多个应急管理科研团队，对包括突发事件的机理分析、应急物流体系结构、应急预案体系、模拟仿真、人员疏散、应急决策分析、灾害预警与监测等在内的诸多科学与管理问题展开研究，并取得了一些成果。

不难看出，经过几年的努力，中国在应急管理制度建设和理论研究方面都取得了很大进展。但同时也应该看到，我国在应急管理工作方面起步较晚，基础相对薄弱，还有很长的路要走，进行自然灾害救援，突发事件处理研究仍然十分迫切。

应急管理研究中，应急物流体系建设的每一个环节都会涉及到应急资源保障，如人力、物力、财力资源的储备，物资分类、储存管理、调拨使用、救援装备的购置和研发情况以及社会财物的捐赠管理。应急资源管理的重要性决定了应急资源布局问题的重要性，它是应急物流体系一系列环节中处在最前面的一个环节，直接影响到后面的应急资源协调优化和应急资源调度管理等步骤的顺利实施。对应急物流中的应急资源布局相关问题进行研究，既是我国高效率应对突发事件发生时确保人民生命财产安全的需要，也是我国经济建设和社会稳定发展的必然需求。

应急资源布局的重要性在 2008 年“5・12”汶川大地震中得到了充分体现。地震发生后不到一天的时间，国家救灾办立即从合肥、郑州、南宁三个中央救灾物资储备库调运了 35000 顶帐篷和 5000 担架运往灾区，援助受灾地区的人民群众，国家物资储备在这时候发挥了重要的作用。在接下来的救灾过程中，救援人员和源源不断的救灾物资到达灾区，很短时间内使应急物资和救援人员聚集。这些物资和救援人员分别属于不同的组织和部门，来自不同的渠道、分属不同类型的物流。但是，由于道路交通受到严重损坏，许多抗震救灾物资设备等根本无法及时运抵所有灾区，没有统一的指挥调度，需求和供应的信息不明确，使应急物资在流向和调运速度等方面均不同程度地存在不确定的现象，加上灾区各个收容点的需求也不尽相同，很难做到平衡的供需匹配，这无疑使救灾过程处于杂乱无序状态，大大降低了救灾的效率。

应急资源的合理布局优化对提升应对突发事件的科技水平和应急能力具有非常重要的意义。2009 年 2 月 20 日，中国国家自然科学基金委员会（NSFC）发布了两项重大研究计划，其中一项是管理学部主管、信息学部和生命科学部参与的《非常规突发事件应急管理研究》。该重大研究计划中有一项重要研究内容是非常规突发事件的应急决策理论，包括非常规突发事件应对的资源保障体系设计和资源协调优化模型，这个问题中就包含应急资源布局相关问题的研究。针对这些问题展开研究，对提升国家的应急管理能力，并使学者从科学的角度对应急资源的保障问题进行深入的研究提供了良好的保证。

当进行应急资源布局问题研究时会遇到各种不确定性因素，这也带来了一定的困难。本书针对应急资源布局问题，特别是不确定条件下的相关问题展开研究。通过分析应急资源布局问题中面临的不确定性，针对灾害发生前的应急资源布局展开研究，并适当考虑灾害发生后的情况，以减轻突发事件带来的人员伤亡和财产损失，努力降低灾害的影响。目标是如何经济上最有效率，结果上最有效果地完成对应急资源的布局活动。

1.2 应急资源布局面临的问题

根据《中华人民共和国突发事件应对法》的规定，突发事件是指突然发生，造成或者可能造成严重社会危害，需要采取应急处置措施予以应对的自然灾害、事故灾难、公共卫生事件和社会安全事件。从广义上来说，突发事件是指在组织或者个人原定计划之外或者在其认识范围之外突然发生的，对其利益具有损伤性或潜在危害性的一切事件。目前，我国将突发事件分为自然灾害、事故灾难、公共卫生事件、社会安全事件四类。

（1）自然灾害。主要包括水旱灾害，气象灾害，地震灾害，地质灾害，海洋灾害，生物灾害和森林草原火灾等。

（2）事故灾难。主要包括工矿商贸等企业的各类安全事故，交通运输事故，公共设施和设备事故，环境污染和生态破坏事件等。

（3）公共卫生事件。主要包括传染病疫情，群体性不明原因疾病，食品安全和职业危害，动物疫情，以及其他严重影响公众健康和生命安全的事件。

（4）社会安全事件。主要包括恐怖袭击事件，经济安全事件和涉外突发事件等。

各类突发公共事件按照其性质、严重程度、可控性和影响范围等因素，一般分为四级：Ⅰ级（特别重大）、Ⅱ级（重大）、Ⅲ级（较大）和Ⅳ级（一般）。

近年来发生了一系列突发事件，其中很多都是非常规突发事件。通过分析这些非常规突发事件，我们总结出非常规突发事件的几个重要特点。

（1）不确定程度高。非常规突发事件如突发自然灾害、社会安全事件等，不确定性主要表现为危机发生的时间、地点、规模、性质可能出乎意料之外，人们无法有效掌握这类重大突发事件的演化规律，从而难以做出准确的预测，其发生的时间、地点往往具有高度不确定性，并且表现出低概率、高损失的特点。任何一个非常规突发事件，是某个复杂的系统中多种危险因素共同作用的结果，例如地震灾害是由于大陆板块之间的碰撞、挤压，长期积累起来的能量急剧释放出来，以波的形式向外传播出去，便引起了大地震动。任何地震都不能够准确地进行提前预报并且采取措施阻止其发生。不过，借助已有的科学数据可以计算出某个地区发生地震的可能性，这也为我们研究这一类突发事件提供了比较好的基础。考虑到突发事件低概率、高损失、作用机理复杂的特点，在运用数学方法对发生风险进行分析时，还要结合以往事件发生的规律和经验进行处理。

（2）规模大，损失严重。非常规突发事件的规模都比较大。无论是各种自然灾害，还是人为事故，由于事先不可能采取有效的预防措施，一旦发生，其波及的面必然很广泛，影响巨大，人员及相应的物资不能及时撤退，即使是采取应急救援措施时，也会由于调度不合理、救援效率低而拖延了救援时间，从而造成巨大的人员伤亡和经济损失。每一次大规模的突发事件都是一次惨痛的教训，要付出生命的代价。这使针对突发事件的相关研究迫在眉睫。

（3）次生灾害频繁。每个大规模的突发事件后都会面临各种次生灾害的危险。“5·12”汶川地震发生后，曾经发生了一系列的衍生灾害，余震几次使修复的公路垮塌，加剧了灾情，地震引发山体滑坡并堵塞河道形成了34处堰塞湖。尤其令人关注的是，强烈的地震还往往诱发泥石流、海啸等灾害，造成更大的破坏。2004年南亚地区地震引起海啸，使几十万人失去生命。人类生存的社会本身是一个复杂的巨大系统，各种社会功能相互耦合，变得越来越相互连接和相互依赖，一旦其中一个部分发生变化，其他部分便不可避免地受到波及。

正是因为突发事件特别是非常规突发事件会给人民、国家和整个社会带来巨大的影响，因此，有必要在突发公共事件爆发前、爆发后、消亡后的整个时期内，用科学的方法对其加以干预和控制，使其造成的损失最小，这就是我们通常所说的应急管理。非常规突发事件的这些特点使我们认识到，为了有效地应对突发事件，必然要建设完善的应急物流体系。应急资源管理贯穿于整个应急物流体系中。应急资源布局作为应急物流体系中应急资源管理的第一个环节，处于非常重要的地位。

目前，我国在沈阳、天津、武汉、南宁、成都、西安等城市设立了11个中央级救灾物资储备库，以应对各种自然灾害，并且在一些多灾、易灾地区建立了地方救灾物资储备库。随着中央和地方各级人民政府不断加大抗灾救灾投入力度，国家的救灾能力不断加强，救灾体系不断得到完善。但是，我国某些应急物资的储备仍是不充分的。2008年初的低温雨雪冰冻灾害发生时，由于融雪剂、除冰机不足等造成了很大的经济损失；2008年“5·12”汶川地震发生时，由于成都库没有足够的帐篷，灾区人员在很长一段时间内得不到休息，政府不得不从比较远的西安、河南等地进行调运，这不但影响了救灾的效果，也耗费了更多的人力和运力。

国家对于应急资源储备中心的建设工作给予了高度关注和支持。在国家综合减灾“十一五”规划中将中央级救灾物资储备体系建设工程列为重大项目。要求以统筹规划、节约投资和资源整合为原则，通过新建、改扩建和利用国家物资储备库等方式，基本形成中央级救灾物资储备网络。按照救灾实际需求，适当增加中央救灾物资储备种类，增大物资储量。到2010年，基本建成统一指挥、规模适度、布局合理、功能齐全、反应迅速、运转高效、保障有力、符合中国国情的中央级救灾物资储备库体系。

为提高备灾救灾能力，各个省采取了相应的措施。例如，“十一五”期间，福建省建立了一所省级救灾应急物资储备中心，保证救灾物资24小时内运抵灾区。各设区市同时设立储备分库，重点县完善救灾物资储存仓库建设，进一步完善救灾物资分级储备体系。拟建的省级救灾应急物资储备中心面积为5500平方米，包括储备救灾物资库房，清洗、消毒捐赠物资用房，配属用房以及生活保障用房等。储备中心主要用来储存中央救灾物资、省级储备物资和社会捐赠物资。

因此，目前针对突发事件进行资源布局时，主要存在以下几个问题。

(1) 应急资源布局系统比较脆弱，布局结构不够合理，标准化程度也比较低。一旦发生灾害，现有的资源布局结构不能够保证救援的快速性和有效性。

（2）现有的资源布局一般情况下是以人为的主观决策倾向进行判别，当前的选址方式多从宏观方面考虑，在进行大规模、非常规突发事件的应急资源布局时缺乏量化方式，特别是缺乏立足于战略和规划方面的考虑。据了解，在进行实际的应急资源储备中心的资源布局问题时，一般来说，会根据人口密度、灾害发生的情况、交通运输条件、周边环境等确定合理的地址。然后，根据实际情况确定一个大体的保障水平，再根据投入情况粗略地进行资源的配置。

（3）应急物流中的应急资源布局面对的不确定性程度非常高，无论是突发事件发生前，还是突发事件发生后，都要面临许多不确定性的信息，如供应方的应急物资供应量，灾区对应急物资的需求量，灾情的破坏程度等。这些信息来自四面八方，来自各种渠道。这些信息中必然会有重复的或者错误的情况发生。分析各种突发事件中面临的不确定信息，是在应急资源布局中要着重考虑的问题。

（4）考虑到突发事件具有突发性和低频率的特点，很难在短时期内获得相关的完整信息。与广义的应急资源布局问题相比，针对突发事件应急资源的布局需要考虑其发生的机理，并寻找合适的建模工具，从而为应急管理部门提供有力的决策支持和参考。

1.3 研究目的及意义

21世纪初发生了一些高破坏性的突发事件，使人们对应急管理的关注度越来越高。人们期望通过对应急管理相关领域的研究，找到有效降低突发事件特别是大规模突发事件带来的损害的解决方法。这也对应急管理相关领域的研究提出了很高的要求。

传统的应急资源管理主要针对应急设施的选址问题，即使是不确定性条件下的应急设施选址也只是考虑如服务水平或覆盖的概率等简单的问题。随着大规模、突发事件的不确定性程度越来越高，对应急资源需求的要求不断提高，单纯的应急设施选址和简单的应急物资配置已经无法满足越来越复杂的突发事件对应急设施和应急资源的需求。针对应急资源管理的研究是应急管理体系中的关键问题，对突发事件下的应急资源布局问题的科学研究，可以为国家科学、高效、有序应对突发事件提供决策参考和技术支持。

目前，应急资源管理正在由事后的紧急救援向事前的预防和应对转移，逐步实现应急资源管理的主动预防、系统应对等功能。2006 年 1 月 8 日，国务院发布了《国家突发公共事件总体应急预案》（简称《总体预案》），要求“各有关部门要按照职责分工和相关预案，做好突发公共事件的应对工作，同时根据总体预案切实做好应对突发公共事件的人力、物力、财力、交通运输、医疗卫生及通信保障等工作，保证应急救援工作的需要和灾区群众的基本生活，以及恢复重建工作的顺利进行。”这从国家和立法层面上明确了应对突发事件的准备工作的重要性，其中就包括针对人力、财力、物力等应急资源的保障要求。

由于面对各种突发事件特别是非常规突发事件时，受到各种自然和人为因素的影响，面临着许多复杂的情况和诸多不确定性因素。目前，国家针对应急管理主要从宏观的角度，如制定预案、建设机制等完善应急物流体系建设。但是，对应急物流体系中具体的应急资源管理的研究比较薄弱。面临各种不确定性条件下进行应急资源的布局，资源优化配置和调度问题的研究成果很有限，目前国内应急救援中应急资源的优化配置等方面的管理还存在一些问题有待解决。例如，某些资源流动不畅，已有资源不能实现有效地整合等问题。这方面的研究还需要加强。

突发事件的高影响、低概率的特点使人们只能在力所能及的范围内开展积极预防与应对工作。应急物流体系的建设是一项长期而复杂的任务，若是建立合理，将在防灾减灾中发挥巨大的作用，将灾害损失降至最低程度，特别是针对应急资源管理中的应急资源布局问题。

不同的突发事件其发生的机理不同，无法建立一种符合各种事件的统一模型来解决所有的问题，对复杂的突发事件进行分析是非常艰难的，只能是针对不同的突发事件进行合理的资源配置，这样才能够做到未雨绸缪，在发生非常规突发事件时将损失降至最低。本书选择应急物流体系中的应急资源布局问题进行研究，分析不确定条件对应急资源布局带来的影响，并针对不同的布局问题进行建模活动，从中得出合理的决策，向应急管理中针对应急资源管理的决策者提供合理的决策支持，研究具有比较好的实际应用价值。

1.4 主要内容与创新点

1.4.1 主要内容

本书从应急资源布局面临的问题入手，对应急物流体系及其发展历程进行了阐述。对应急物流体系的基本框架及其发展历程进行了阐述。对应急资源布局问题进行了归纳总结，特别是对不确定性条件下的应急资源管理的相关理论及应用研究进行了文献综述。

在此基础上，针对应急资源布局面临的不确定性因素，分别提出利用分类分级方法、基于情景分析的随机优化方法、鲁棒优化方法解决地区级的应急资源布局问题。具体来说，全书由以下几部分组成。

第1章，绪论。通过阐述突发事件的特点和应急资源布局面临的问题，引出了本书的研究内容：应急物流体系中关于不确定性条件下应急资源布局问题的研究。并阐述了本书的研究目的及意义、研究内容与方法。详细介绍了本书各个章节的主要内容，以及研究工作的创新点。

第2章，应急资源布局相关文献综述。首先，介绍了应急物流体系的基本框架和发展历程，并对应急资源布局问题，特别是不确定性条件下的应急资源布局问题进行了文献综述，阐述了应急资源布局问题的研究成果。

第 3 章，利用分类分级的思想解决应对大规模突发事件的应急资源布局模型与算法。当发生突发事件时往往造成非常严重的后果，充分的应急资源的选址和配置结果能够应对各种级别的灾害。然而，由于资金有限，不可能每个地区都配备足够的应急资源。针对这样的情况，考虑根据分级的原则，利用灾区分组和情景分析的方法分别确定低和高两种级别下的各个灾区应急物资需求，同时，考虑了级别为高时的营救过程的机理分析。本章针对某个区域内的应急资源布局问题，建立了一个适于多点需求、多点救助的多目标规划模型，为应急资源布局活动提供决策依据。

第 4 章，当根据突发事件发生后的情形进行应急资源布局时，引入情景分析的方法。考虑某个地区要建立大型的应急资源供应中心，以应对某种自然灾害。以地震为背景，考虑灾害发生时的不确定性因素，建立基于情景分析的随机整数规划模型，解决针对自然灾害的应急资源布局问题。将灾害发生后的情景划分成两个阶段的随机事件，前一个阶段表示灾害刚发生后，震源的位置和震级的大小；后一个阶段表示震源和震级确定后，各个灾区的需求量。在求解方法上，利用有限个情景表示不确定性数据。通过松弛非预期约束，将松弛问题按照情景分解，并利用分支定界算法求解 Lagrangean 松弛问题。实验证明了算法的有效性。

第 5 章，利用鲁棒优化模型解决不确定条件下的应急资源配置问题。当某个地区的应急供应中心的地址已经选取好后，只需要对每个中心配备相应的应急资源即可。当面临的需求变化范围比较大时，进行某个地区的资源配置，要寻找一个对于所有变化的实现都能有良好性能的方案，利用鲁棒优化的方法可以达到该要求。建立二阶段的资源配置模型后求解其可调整鲁棒优化对应问题的逼近问题，引入相应的控制参数，调整解的最优性和鲁棒性，使解更加符合实际。

第 6 章，考虑针对灾害发生的不确定情形，将自然灾害按照发生的特征划分成有限个情景集合，以此为基础建立应争资源布局的二阶段模型，并制用最小最大值的绝对鲁棒优化的方法处理不确定条件。

第 7 章，总结与展望。归纳本书的主要研究工作和成果，针对现阶段研究工作存在的不足，提出后续的研究设想。

上述方法虽然都是介绍应急物流设施中心的选址和资源配置问题，但是其视角不同，又相互联系。分类分级可视为初步利用情景分析的方法，将各种突发事件进行分类分级后得到的不同类型、不同级别的突发事件，作为情景划分的初步结果，然后再利用这些初步的结果进行应急资源布局。而基于情景分析的随机优化方法则是利用已知的情景分析的结果，得到各种情景的概率分布情况，建立随机优化的模型。后面的鲁棒优化方法，则没有考虑到情景的划分，而是将不确定性控制在某个范围内，针对应急资源需求比较极端且其分布又不明确的情况，提出利用鲁棒优化的思想去求解应急资源配置模型。本书主体部分基本上是按照以下框架进行：首先，根据一定的假设，介绍模型思想，建立数学模型，然后提出相应的算法，给出数值试验。本书的假设来源于现实情形，给定的数值试验将验证模型及方法的可行性和有效性。

1.4.2 创新点

本书对不确定条件下的应急资源管理相关问题进行研究，着重研究了利用解决不确定性的相关工具进行应急资源布局问题建模，本书研究工作的创新点可以概括为以下三方面。

第一，将应急管理机制建设中的分类分级思想引入到应急资源布局建模中来。国家应急物资储备库的选址可以采取分类分级建设的思想。在建立中央物资储备仓库时，综合考虑选址的因素，包括考察交通条件，历史灾害观测数据，灾害频发的种类，并经过具体论证分析，根据结果确定初步的备选地址。利用分级的思想考虑各种不确定性，将突发事件进行分级，考虑各种级别下的灾害，对应急物资储备库进行资源配置，解决针对各种不确定突发事件的应急设施选址和资源配置问题。

第二，采用基于情景分析的方法，分析灾害发生后可能发生的情况，分别确定灾害的级别、规模以及对应急资源的需求量。然后，根据情景分析的结果进行资源配置建模。在本书中，采用多阶段随机规划的建模方法，模型中同时考虑了灾害发生后临时供应中心的选址，社会资源的收集，以及对于未满足的应急资源进行的惩罚。

第三，将鲁棒优化的思想引入应急资源配置模型中，处理含有极端不确定性数据的情况，实现应急配置方案的鲁棒性能。利用鲁棒优化的思想只是一个初步的尝试，因为在面对很多极端的突发事件时，利用普通的鲁棒优化方法不一定能够得出比较好的解，需要进一步探讨其解决方法。

2 应急资源布局综述

在灾害发生之前，需要针对各种灾害进行应急仓库的选址，以及配置合理的资源，以便做出准备。当灾害发生时，需要设立临时的应急供应中心，并进行应急资源配送活动。可以说，应急资源布局的影响在物流体系的各个环节都存在。灾害发生前进行应急资源布局时，需要考虑到灾害发生时的一些应急物流活动，如应急资源的调度、配送、调配等。因此，本章在综述的过程中首先介绍一下应急物流体系及其发展历程，然后针对处理应急资源布局问题展开综述。

2.1 应急物流体系及其发展历程

2.1.1 应急物流及其任务

在应急物流的概念提出以前，国内外学者对一些突发事件的物流问题是分开来研究的，例如，灾害物流、企业突发性物流、军事紧急需求物流、国际重大赛事物流等问题。如为应对某些突发事件，企业在自身正常的生产运输之余，还要考虑应对这些事件的应急救援物资的运输；当局部地区发生战争后，部队的应急物资的调动、运输和库存控制等物流问题，都是分开来研究的。随着应急管理相关概念的提出，大家将这些物流活动糅合在一起，并融合了如严重自然灾害、突发性公共卫生事件、公共安全事件及军事冲突等突发事件的物流活动，统称为应急物流。因此，从狭义上讲，应急物流活动指以提供突发性自然灾害、突发性公共卫生事件等突发性事件所需应急物资为目的，以追求时间效益最大化和灾害损失最小化为目标的特种物流活动。即只是为了应对而对物资、人员、资金等的需求进行紧急保障的一种特殊物流活动[1]。而作为一种更为宽泛的理解，Sheu根据普通物流的定义，引申出了应急物流的定义："应急物流管理是一个过程，该过程集计划、管理和控制于一体，并将信息和服务从起点有效率地流向目的地，能够满足在紧急情况下受到影响的人们的紧急需求。"[2]从上面的两种定义中可以看出，无论哪种定义，对于应急物流的本质使命，目标的把握都非常清晰。应急物流是针对非常规需求的物流活动。

整个应急物流管理的目的是用少量的钱预防灾难，用最小的代价去缓解灾难。在突发事件发生前，需要考虑各种突发事件发生的可能性，对突发性事件的应急物流要进行战略规划。突发事件发生时需要及时更新受灾信息，快速反应信息、调整计划，迅速做出救援行动准备。事件发生后，需要根据需求状况做好应急物资的调度，最快地达到需求区。例如地震发生后，需要考虑死者安葬、伤者救助、卫生防疫、灾后重建、恢复生产、恢复秩序等问题。否则，受灾面积、人员、损失将会进一步扩大，这样会给整个社会和经济带来巨大的灾难。大量的应急物资从各个地方运往灾区，是一个庞大复杂的系统，涉及到物流链的方方面面。因此，加强应急物流研究，建立完善的应急物流体系，探讨科学的应急物流管理理论和方法，对提高我国应急物流管理水平和突发事件保障能力具有战略意义。

2.1.2 应急物流与商业物流活动的区别与联系

应急物流与普通物流一样，也具有物流的功能和要素，如运输、储存、装卸搬运、包装、流通加工、信息处理、配送等基本功能要素。但是，在这些要素中，二者还是有很大的差别。普通物流既强调物流的效率，又强调物流的效益，而且效益是第一位的，而应急物流在许多情况下是通过物流效率来衡量物流的功能的。另外，与一般的商业物流相比，应急物流由于面临着各种不确定性的信息和环境，在统筹和操作上更加复杂和困难，具体来说，主要有以下区别。

首先，表现在外部环境上，在一般商业物流中，企业基本能够掌握物流外部环境的相关信息，而物流外部环境很少发生变化；而在应急物流中，影响受灾地区应急物资需求的信息，如诱发灾难的原因、伤亡情况在灾难发生初期很难掌握，只能通过历史数据进行预测，这就大大降低了物流配给工作的准确性。

其次，二者在物资的稳定性和可控性上有较大的区别。在一般商业物流中，物资的配给和供应数量都是按照事前规划经过精确的测算的；而在突发情况下，决策者一方面难以对应急物资进行有效的控制，另外，不同受灾地区对于应急物资的需求是不确定的，难以有效掌握，因此救援组的快速反应能力受到了更大的挑战。

再次，一般商业物流是按照流程规范，以按部就班的方式进行物资供应；而在应急物流中，由于突发事件而导致的基础设施的破坏可能为救援物资的调运带来更多不可确定的风险，也会导致应急物流网络建设的难度增加，而这些应急物流网络必须在限定的时间内完成，这就使应急救援工作更加紧迫。

最后，一些大型的自然灾害，如 2008 年的中国南方冰冻雨雪灾害，会使应急物资供需不平衡的情况更加突出，这会使整个物流系统的构建更加复杂。

总结起来，应急物流与商业物流活动最大的不同是，应急物流面临的不确定性因素多，程度高，情况复杂，这也为应急物流体系中的各种研究带来了一定的困难。

2.1.3 应急物流体系框架

应急物流是一个系统，在整个运作过程中需要涉及到应急物流中心的建立、应急物资的储备、应急物资的采购、应急物资的运输与配送等元素。从应急物流的运作流程和进度来看，共可划分为计划、运营、控制、反馈几方面。建立应急物流系统的目的在于保障应急救援物资及时供应，满足突发事件应急处置的需要。而要实现这个目标，离不开应急物流系统构成要素之间的密切合作，执行各自的功能，以完成应急物流的目标。简单地说，应急物流体系应该包括如图 2-1 所示的三层，通过对应急物流体系内部运用有一些了解后会发现，它主要包括以下几个要素。

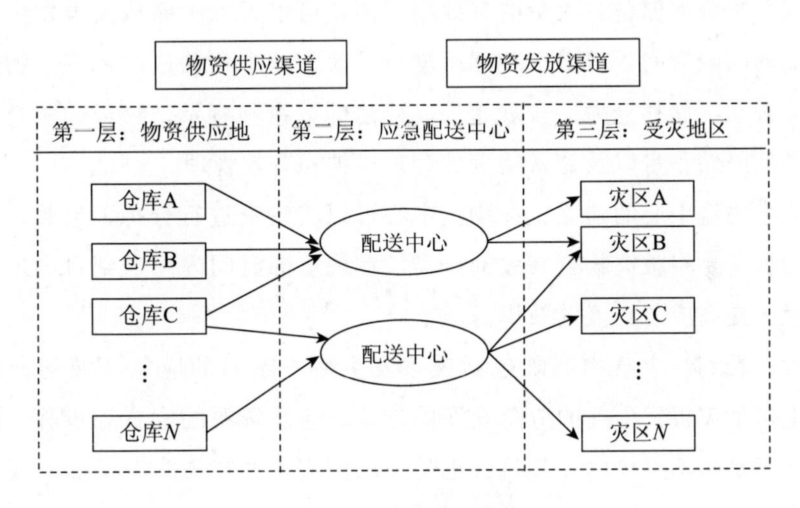

图 2-1 应急物流网络

应急物流的保障机制：完善与自然灾害相关的法律，积极借鉴国外先进经验，出台新的法律和法规，以保障灾后社会秩序的稳定；建立从中央政府到地方的自上而下的、专门的管理机构，分工明确，协调和管理应急物资的储存和运输，以实现对应急物流的高效运作。

应急物流技术支持平台构建：应急物流技术支持平台包括通信平台、信息平台、电子商务技术平台，应急物流包装技术，装卸运输技术和物资养护技术等，从而有效缩短应急物资的采购和供应时间。应急物流技术要充分体现简捷、快速、稳妥、实用、方便的原则。

应急物资的采购：这是应急物流得以实现的物质基础，包括灾后重建工作所需的建设物资和灾区民众一般生活物资。它的采购量一般相当大，时间上要求比较高。在进行应急物资采购时，应当开辟多种渠道，保证物资采购的效率和物资的质量。

应急物资的运输与配送：这是应急物流的核心环节之一。在应急物资的运输与配送过程中，应根据物资的价值、数量和对运输条件的要求，选择合适的运输方式，尽量实现直达运输和联合运输。在灾难发生时，可以考虑开辟绿色通道，保证物资运输的畅通。

应急物资的储备：大量的有效物资储备可以大大压缩从灾害发生到救灾完成的间隔时间，减少采购和运输量，大大减少相关成本。应急物资的储备关键在于储存仓库的合理布局、修建的数量和容量、物资的种类、长期和中期的储备量以及储备物资的合理维护和有效管理。

应急物流中心的建立：在物流中心可以将物资进行分拣、包装，甚至简单的加工，将救灾物资有效的分类，在最短的时间内配送到目的地，此举将大大提高应急物流的效率。

可以看到，应急物流既包括灾害发生后一系列的应急资源的流动活动，也包括灾害发生前的应急仓库的选址、应急资源的配置等步骤，并且这些步骤是必不可少的，其目标也是争取使灾害的损失降至最低，或者最大程度地发挥应急资源的救助作用。本书就是在这个框架下进行研究和论述的。

2.2 应急资源布局问题研究概述

针对应急资源布局问题展开综述，首先介绍普通应急资源布局问题，即确定性模型，然后，着重介绍不确定性条件下的应急资源布局问题研究综述。

2.2.1 确定性模型

应急资源布局问题通常包括两个方面的内容：一是选址问题，二是应急资源配置问题。在研究应急资源布局问题时，有时候将选址和布局这两个单独的问题同时考虑，有时候是分开考虑的，其优化结果不但包含了所选择建造应急服务设施的地点，也包含了所要放置的应急资源数量。

选址问题在生产生活、物流，甚至军事中都有着非常广泛的应用，如工厂、仓库、急救中心、消防站、垃圾处理中心、物流中心、导弹仓库的选址等。在普通的选址问题中，选址问题是最重要的长期决策之一，选址的好坏直接影响到服务方式、服务质量、服务效率、服务成本等，从而影响到利润和市场竞争力。在应急物流问题中，应急选址有时面临很多不确定性因素，而且在做决策时，既有选址问题中的长期决策，也会有临时的选址问题，这也为应急选址问题带来了一定的困难。我们将按是否考虑不确定因素进行综述。

2.2.2 不确定性模型

1909 年，Weber 研究了在平面上确定一个仓库的位置使仓库与多个顾客之间的总距离最小的问题[3]（称为 Weber 问题），正式开始了选址理论的研究。1964 年，Hakimi 在论文中提出了网络上的 P—中线问题与 P—中心问题，[4]这篇具有里程碑意义的论文大大激发了选址问题的研究，从此，选址理论的研究开始活跃起来。

2.2.2.1 应急服务的覆盖模型

覆盖模型是用于描述应急设施选址问题最常用的选址模型。覆盖模型的目标是为需求点提供“覆盖”。只有一个需求点在给定的距离限制之内能够得到一个设施的服务，才认为该需求点被覆盖。覆盖问题主要有两种基本的模型：集合覆盖模型（LSCP）和最大覆盖位置问题（MCLP）。

LSCP：

$$\begin{aligned} \min \quad & \sum_j X_j \\ \text{s. t.} \quad & \sum_j X_j \geqslant 1 \quad \forall i \\ & X_j = 0,\ 1 \quad \forall j \end{aligned}$$

LSCP 是 Toregas 等人 1971 年对应急设施选址问题一个比较早的描述，[5]其目的是为满足需求点覆盖要求的最少数目的设施选址。在 LSCP 中，由于所有的需求点都被覆盖，即可以确定满足一定的需求量需要的设施数目，是从供给的角度对选址问题作了描述。而不管它的人口、偏远性和需求数量，因此设施所需要的资源可能非常多。认识到这个问题，Church 和 Revelle 以及 White 和 Case 发展了最大覆盖选址模型（the Maximal Covering Location Problem，MCLP），[6,7]该模型并不要求覆盖所有的需求点，而是对于给定数目的设施寻找最大覆盖，从需求（覆盖率尽可能大）的角度对选址问题进行描述，可以解决在资源紧缺时如何配置资源使需求点的被覆盖率最大化。

MCLP：

$$\max \quad \sum_i h_i Z_i$$

$$\text{s.t.} \quad Z_i \leqslant \sum_j a_{ij} X_j \quad \forall i$$

$$\sum_j X_j \leqslant P$$

$$X_j = 0,\ 1 \quad \forall j$$

$$Z_i = 0,\ 1 \quad \forall i$$

MCLP 和它的不同变本被广泛用于求解许多应急服务选址问题。比较著名的应用是 Eaton 等人在 1985 年的工作，[8]文章利用最大覆盖模型 MCLP 为奥斯汀（Austin）和得克萨斯（Texas）的应急医疗服务做了很好的计划。即使求救呼叫增加，该方案也能使平均应急响应时间缩短。Schilling 等人在 1979 年把 MCLP 模型推广到巴尔的摩（Baltimore）的消防服务和仓库的选址问题。[9]考虑了需求点需要两种资源同时服务的问题，建立了 TEAM 模型，在他们称为 FLEET 的模型中（设施选址和设备放入技术），需要同时考虑两种不同类型的服务选址问题。只有当两种服务都在给定的距离之内获得时，一个需求点才认为被“覆盖”。在此假设条件下，最大化需求点被满足的需求量。

Daskin 和 Stern 把应急医疗服务问题描述成一个双目标的 LSCP。[10]

Bianchi 和 Church 提出了一个 EMS 设施模型，[11] 该模型限制设施的数目但允许每个设施点有多种服务。Benedict、Eaton 等人以及 Hogan 和 Revelle 给出了应急服务的 MCLP 模型，这个模型有第二位的"支援—覆盖"目标。[12] 这些模型能够保证为一个需求区域在第一个设施不能提供服务时，第二个（支援）设施能为该需求区域提供服务。支援覆盖模型通常被称为 BACOP1（支援覆盖问题 1）。由于 BACOP1 模型中每个需求点需要第一覆盖，这对许多选址问题来说是不必要的，因此 Hogan 和 Revelle 进一步描述了 BACOP2 模型，该模型能够分别最大化得到第一和第二覆盖的人数。

BACOP1：

$$\max \quad \sum_{i\in V} d_i u_i$$

$$\text{s. t.} \quad \sum_{j\in W_i} x_j - u_i \geqslant 1 \quad (i\in V)$$

$$\sum_{j\in W} x_j = p$$

$$0\leqslant u_i \leqslant 1 \quad (i\in V)$$

$$x_j \geqslant 0 \quad (j\in W)$$

BACOP2：

$$\max \quad \theta \sum_{i\in V} d_i y_i + (1-\theta) \sum_{i\in V} d_i v_i$$

$$\text{s. t.} \quad \sum_{j\in W_i} x_j - y_i - u_i \geqslant 0 \quad (i\in V)$$

$$u_i - y_i \leqslant 0 \quad (i\in V)$$

$$\sum_{j\in W} x_j = p$$

$$0\leqslant u_i \leqslant 1 \quad (i\in V)$$

$$0\leqslant y_i \leqslant 1 \quad (i\in V)$$

$$x_j \geqslant 0 \quad (j\in W)$$

2.2.2.2 应急服务的 P—中线模型

衡量设施选址有效性的另一种重要方法是估计需求点和设施之间的平均（总的）距离。当平均（总的）距离下降时，设施的可利用性和效率增加。这个关系既适用于个人又适用于公共设施，例如超级市场、邮局以及应急服务中心，对这些设施而言，越近越好。Hakimi 提出了 P—中线问题，建立了 P—中线模型。P—中线模型的定义是：确定 P 个设施的位置，使需求点和设施之间平均（总的）距离最小。其具体模型为：

$$\min \quad \sum_{i=1}^{n}\sum_{j=1}^{n} a_i d_{ij} x_{ij}$$

$$\text{s.t.} \quad \sum_{j=1}^{n} x_{ij}=1 \quad \forall i$$

$$\sum_{j=1}^{n} x_{jj}=p$$

$$\sum_{j\in W} x_{jj}=p$$

$$x_{ij}\leqslant x_{jj} \quad \forall i,\ j$$

$$x_{ij}\in \{0,\ 1\} \quad \forall i,\ j$$

自从有了 P—中线模型，其求解方法和在应急设施选址问题中的应用研究越来越多。Revelle 和 Swain 把 P—中线问题描述成一个线性整数规划问题，并用分支定界算法进行了求解。[13] Carbone 描述了一个确定性的 P—中线模型，[14] 目标是最小化一些用户到固定的公共设施，例如到医疗中心行走的距离。意识到每个需求点上的用户是不确定的，作者还进一步把确定性的 P—中线模型推广成机会约束模型。该模型最大化一个阈值，同时保证总行驶距离在该阈值下的概率比事先给定的水平 α 小。Calvo 和 Marks 构造了一个 P—中线模型，[15] 用它来为包括中心医院、社区医院和局部接待中心的多水平健康医疗设施选址。设模型追求最小的距离和用户费用，最大的需求和效用。后来，通过引进新的特征和允许不同的分配模式来克服跨层组织的不足，Tien 等人和 Mirchandani 又引进了改进的分层 P—中线模型。基于卡本戴尔（Carbondale IL）应急服务设施的放置的启发式选址模型，Paluzzi 对 P—中线模型进行了讨论和测试，这个模型的目标是通过最小化从需求点到救火站总的距离，来确定一个新放置的救火站的最佳位置。[16] 所得结果与其他方法的结果进行了比较，比较结果验证了基于 P—中线选址模型的有用性和有效性。

P—中线模型的一个主要应用是分配 EMS 个体物资，例如应急中的救护车。Carson 和 Batta 提出了一个寻找校园应急服务中的救护车动态选择位置策略的 P—中线模型。[17] 该模型用不同的场景来表示不同时刻的需求条件，为了最小化服务呼叫的平均响应时间，在不同的场景要对救护车重新选址。Berlin 等人研究了医院和救护车选址的两个 P—中线问题。[18] 第一个问题主要关心病人的需求，目标是最小化从医院到需求点的平均距离，以及从救护车所在地点到需求点的救护车平均响应时间。在第二个问题中，为了增加系统的性能添加了一个新的目标，最小化从救护车到医院的平均距离。对于一个包含重症监护（ALS）和常规监护（BLS）的分层系统，Mandell 给出了 P—中线模型，并采用优先权派遣来优化应急物资的位置。[19] 该模型还可用来检查其他系统参数，包括 ALS 和 BLS 之间的平衡，不同的分配规则等。

2.2.2.3 应急服务的 P—中心模型

P—中线模型关心优化系统的整体（平均）性能，而 P—中心模型（The Center Problem）试图最小化系统的最坏性能，因此它强调的情形是服务的不公平比系统平均性能更重要。在选址文献中，P—中心模型也被称为最小最大模型，因为它最小化需求点和它最近设施的最大距离。P—中心模型认为需求点是由离它最近的设施提供服务的，因此覆盖所有的需求点是可以实现的。但是，与集覆盖模型中的全覆盖不同，P—中心模型中的全覆盖只需要一定数目（p）的设施，而集覆盖模型中的全覆盖可能会导致过多的设施。早在 100 多年前，Sylvester 就已经提出了中心问题。初始的问题是寻找圆心，使半径最小的圆能够覆盖所有希望被覆盖的点。[20] 其公式为：

$$\min\{\max_{u_i \in V}(a_i, d(P, v_i))\}$$

$$\text{s.t.} \ |P| = p$$

式中，$d(P, v_i) = \min_{P_j}\{d(P_j, v_i)\}$，表示集合 P 到点 v_i 的距离。

由于 P—中心模型是一种保守的方法，通常在军队、医院、紧急情况和有服务标准承诺的服务行业（如比萨店承诺半小时内把订餐送到）中使用，有时也称作“经济平衡性”。[21]在最近几十年，人们研究了P—中心模型及其扩展，并应用到如EMS中心、救火站和其他公共设施的设施选址中来。为了给出路网中应急设施的位置，Garfinkel等人研究了P—中心问题的基本性质，他用整数规划描述了P—中心问题，并用二元收缩技术和精确测试与启发式方法的组合成功地求解了该问题。[22] Revelle和Hogan把设施限制问题描述为P—中心问题，以此使EMS服务能以可靠性到达的最大距离最小化，考虑了系统拥挤，并用导出的服务忙概率来约束所用需求都满足的服务可靠性水平。[23]另外，还有其他与P—中心模型相关的应用和分析，如Handler、Brandeau、Daskin和Current等人的研究。

2.2.2.4 相关模型及改进模型

随着研究的深入，在以上经典应急选址模型的基础上，出现了许多改进的模型。与常规突发应急事件相比，大规模突发事件发生的频率很低，对物资的突然大量的需求是大规模的突发应急事件第一响应的重要特征。如果单纯只是考虑经典的覆盖模型或者P—中心模型等，是不能有效解决这类布局问题的，因此需要对已有的设施选址模型进行改进，Araz给出了一个基于模糊多目标规划的覆盖应急车辆选址模型。[24]目标函数考虑了最大化每辆车覆盖的人口，最大化备用覆盖的人口，并通过最小化整个所需时间提高服务水平。对于救护车选址方面的研究一直是个热点。例如，救护车选址的双层覆盖模型、救护车选址和再选址问题的动态模型等。Jia等人研究了在需求点的需求量已知的情况下，多点发生大规模突发事件中医疗服务（EMS）设施选址系统问题的模型框架。[25]在这个研究中，将大规模EMS设施选址看做是三类常规EMS设施选址问题的推广，体现在两个方面。一方面，考虑某个场景下某个需求点的需求是该点人数，突发事件场景k对需求点的影响系数，以及突发事件场景k影响该点的可能性三个参数的乘积；另一方面，考虑了某个设施在突发事件场景k下的服务效率。给出的模型为：

$$\max\min \quad \sigma(x_j, z_{ij}, u_i, \beta_{ik}, e_{ik}, M_i)$$

$$\text{s. t.} \quad \sum_{j \in J} x_j \leqslant P \tag{2-1}$$

$$x_j \in \{0, 1\} \quad \forall j \in J \tag{2-2}$$

$$\sum_{j \in J} z_{ij} P_{jk} \geqslant Q_i u_i \quad \forall i \in I \tag{2-3}$$

$$z_{ij} \leqslant x_j \quad \forall i \in I, j \in J \tag{2-4}$$

$$z_{ij}, u_i \in 0, 1 \quad \forall i \in I, j \in J \tag{2-5}$$

这里约束（2－1）和（2－2）表示在可能的位置集合 J 中放置 p 个设施。约束（2－3）表明，只有当有足够数量 Q_i 的设施为需求点 i 提供服务，才认为该需求点被覆盖。注意通过在 z_{ij} 上乘以 P_i 来考虑每个设施服务能力的减少。最后，约束（2－4）表明需求点 i 只能从开放的设施中得到服务，约束（2－5）保证变量 z_{ij} 和 u_i 的整数性。后来，Jia 又给出了求解该模型的启发式算法。

上述文献只考虑了应急设施选址问题，而未考虑资源的配置。选址问题和资源配置问题是不能截然分开的，尤其是针对选址问题，一般会考虑到将来的资源配置。关于应对突发事件的应急资源配置问题，主要集中在灾害发生时的资源配置和再配置问题，特别是救护车和消防资源的分配问题。Gong 等人研究了在大规模突发事件营救初期，分别在伤员集中区域分配合适的救护车数，并基于离散时间策略分析了救护车再分配问题；[26] Fiedrich 研究了地震灾害发生后，面对三种类型的灾区，利用三种不同的营救设备进行动态资源调度过程，目标是使方案产生的人员伤亡损失最小；[27] Sydney 提出了 2006 年香港公共医院床位的供应和需求相匹配的模型框架。[28] 该模型不但考虑了目前医院的定位及其资源配置，还考虑了未来几年医院及其资源配置的重新规划；贾传亮等人考虑了在消防点位置已知的前提下，多个消防点共同救护时，消防点的资源布局优化问题；[29] 于瑛英等人构造了一个基于时间、资源供给和需求的损失函数，对损失值较大的资源布局建立优化模型进行调整。[30] 其他应急资源布局的相关研究见何建敏、Marianov、Brotcorne、Tavakoli 等人的研究。

2.2.2.5 不确定性模型

不确定是与确定相对应的一个概念。不确定就是指“不明确和不肯定”。在科学上，对于不确定性的研究很多。例如，概率统计研究因果关系的不确定性、模糊数学研究事物差异的不确定性、灰色系统论研究信息与预测的不确定性、混沌学研究等。由于研究领域的不同，人们对不确定性的理解是不完全相同的。但无论如何理解，不确定都包含“不明确和不肯定”的意思。在应急资源布局中面临的不确定性因素主要有以下几方面。

(1) 突发事件发生的时间不确定，针对一些常规的突发事件，如某个地区季节性洪水，由于地势或者气候原因使洪水在固定时间段内发生，规律易于掌握，但是如地震、某些人为灾害等非常规突发事件，其发生的时间很难确定。

(2) 突发事件发生的地点不确定，如交通事故多发地段，火灾易发地点等常规突发事件其发生地点容易确定，而一些灾害如地震灾害，震源位置在发生之前是不能确定的。

(3) 突发事件的规模不确定，一些常规突发事件虽然规模时有变化，但是都是在一个相对较小的范围内变化。而针对非常规突发事件，一旦发生，其规模往往巨大，且由于次生灾害的发生，其规模基本上难以预测，需要灾害发生后评估其损失。

(4) 突发事件发生的需求不确定，这是由上面三个条件，即发生的事件、地点和规模的不确定性所导致，是衍生不确定性。

(5) 从动态角度考虑的不确定性因素，突发事件后，应急物资供应、需求等不确定性因素是不断变化的。突发事件发生时，如果信息共享机制不能很好地发挥作用，就不能准确地收集这些不确定性信息。当信息变化时，若是原来的应急物资配置方案没有及时调整，则给物资调配带来一定的困难。同时，由于社会资源的大量集中供应，可能造成物资过于集中或者供应过量的情况。这也需要应急资源进行协调优化，对原来的应急资源进行更新配置。

这些不确定性因素是制定应急决策时的重要条件。随着不确定性理论的发展，针对应急资源的布局问题的研究也从确定性的设施选址、资源配置问题向不确定性的模型发展。但是，由于不确定性条件性下的应急资源布局问题有其固有的特点，上述不确定性理论用的比较少，因此，它形成了自己独特的发展过程。首先，从概率模型出发，解决普通情况下的应急设施选址问题，如 EMS 设施选址。后来，人们尝试用一些求解不确定性数学的方法解决应急资源布局问题，如模糊规划的思想。如今，随着大规模和非常规突发事件的发生，人们利用应急管理中的一些思想方法解决不确定性条件下的应急资源布局问题，如利用情景分析、风险分析或者分类分级的方法。

2.2.3 随机应急设施选址问题

伴随着普通的应急设施选址问题研究，随机选址问题的研究也开始活跃起来。Daskin 用一个估计的参数（q）来表示对需求点的需求至少有一个设施能够提供服务的概率，他把最大期望覆盖选址问题（MEXCLP）描述为在网络中放置 p 个设施，目标是最大化被覆盖人数的期望值。

MEXCLP：

$$\max \quad \sum_{i\in V}\sum_{k=1}^{p} d_i\ (1-q)\ q^{k-1} y_{ik}$$

$$\text{s.t.} \quad \sum_{j\in W_i} x_j \geqslant \sum_{k=1}^{p} y_{ik} \quad \forall i\in V$$

$$\sum_{j\in W} x_j \leqslant p$$

$$x_j = \{0,\ 1,\ 2,\ \cdots\} \quad \forall j\in W$$

$$y_{ik} \in \{0,\ 1\} \quad \forall j\in V,\ k=1,\ 2,\ \cdots,\ p$$

这是关于随机选址问题中比较经典的模型。后来，Revelle 和 Hogan 改进了 MEXCLP 并且提出了概率的位置集覆盖问题（PLSCP）。在 PLSCP 中，每个需求点定义一个平均服务忙期 q_i 和服务可靠性因子（α）。然后确定设施的位置，使在给定的距离之内可用服务的概率最大。

PLSCP：

$$\min \quad \sum_{j\in J} x_j$$

$$\text{s.t.} \quad \sum_{j \in N_i}^{n} x_j \geqslant b_i$$

$$x_j = \{0, 1, 2, \cdots\}$$

式中，b_i 为满足下式的最少整数：

$$1 - \left(\frac{F_i}{b_i}\right)^{b_i} \geqslant \alpha$$

此后，Marianov 和 Revelle 对 PLSCP 进行了扩展，利用 MALPⅡ中的概率假设，把每个地区看作一个多服务台损失制排队系统，计算各个地区的忙期，来建立排队随机集覆盖选址模型（the Queuing Probabilistic Location Set Covering Problem，Q-PLSCP）。后来，MEXCLP 和 PLSCP 得到进一步修正来处理其他的 EMS 选址问题。

在计算方法上，Francisco 等人在 MCLP 的基础上对最大覆盖选址配置模型的求解进行了研究，运用列生成和图论的方法，通过具有 818 个节点的算列的验证得到较好的结果。[31] Revelle 给出了机会约束应急服务选址模型的总结与综述。[32]

随机 EMS 覆盖问题建模的另一种方法是用场景计划来表示可能的参数值，这些参数在不同的突发事件条件下可能会发生变化。在所有可能发生的场景中做一个折衷决策，以此优化期望/最坏情况的性能或平均/最坏情况的遗憾。通过综合所有场景，Schilling 对 MCLP 进行推广来最大化所有可能发生情况的覆盖需求。分别用单个场景来确定一个好的选址决策的范围，做出同时考虑所有场景的最终设施选址配置的折衷决策。[33]

在很多 P—中线模型中也考虑了不确定性。Mirchandani 研究了防火应急物资的 P—中线问题，他考虑了需求模式和出行的随机特征，并且考虑了一个设施可能不能为需求点提供服务的情形，并用马尔可夫过程产生了一个系统，其中状态由需求分布、服务和行驶时间以及可提供服务情况具体给出。[34] 在为巴塞罗那（Barcelona）应急服务灭火站选址时，Serra 和 Marianov 实现了一个 P—中线模型，并引入了遗憾和最小最大目标的概念。[35] 作者在他们的模型中明确指出了需求、行驶时间和距离存在不确定性的设施选址。此外，模型用场景表示不确定性，通过多个场景上最大遗憾最小化来得到折衷方案。P—中线模型还被推广到排队论的范围内来求解应急服务选址问题。Berman 等人提出的随机排队中线模型（SQM）就是一个例子。SQM 模型寻找向需求点最优的派遣移动服务设备，如应急响应物资，同时进行设施选址，目的是最小化平均响应费用。[36]

对于 EMS 选址问题也提出了随机 P—中心模型，例如，Hochbaum 和 Pathria 考虑的应急设施选址问题，最小化网络中所有时段的最大距离，在每个离散的时段，位置间的距离和费用是变化的。[37]作者用 k 个潜在的网络来表示不同的时段，并提出了多项式时间的 3 -近似算法，得到了每个问题的解。Talmar 用 P—中心模型为三架供应急营救用的直升机进行选址和派遣，为阿尔卑斯山脉南北两地进行滑雪、徒步旅行、攀登活动的旅行者的不断增加的 EMS 需求提供服务。模型的一个目的是最小化最大（最坏情况下）的响应时间，并且作者用有效的启发式方法得到了问题的解。[38]

以上是早期的关于随机选址问题研究的一些现状。随着非常规应急事件发生的频率越来越高，其复杂性程度的增高使不确定性的表现日趋增大，经典的应急选址描述方法不能够解决这类问题，必须积极寻求处理不确定性的有效方法为策略正确的选取提供技术理论支持。近 10 年以来，人们将研究的热点转移到了针对这一类突发事件应急管理的研究上来，将原来的选址问题也扩展到了资源的配置上来。具体说来，主要有以下的一些方法。

2.2.3.1 模糊方法在应急资源布局中的应用

1965 年，美国控制论专家 Zadeh 教授在《Information and Control》杂志上发表了论文“模糊集合”。从此，模糊数学宣告诞生。模糊集合是客观存在的模糊概念的必然反映。所谓模糊概念就是边界不清晰、外延不明确的概念。例如，“高个子”便是一个模糊概念，因为究竟多高才算作高个子是无法说清楚的。正是为了从数学上把模糊概念说清楚，Zadeh 才引入了模糊集合。粗略地说，在一个模糊集合中，某些元素是否属于这个模糊集合并不是非此即彼的。

既然有了模糊集合，那么以模糊集合代替原来的经典集合，把经典数学模糊化，便产生了以模糊集合为基础的崭新的数学——模糊数学。

模糊数学在应用研究方面迅速发展。其应用研究主要是对模糊性之内在规律的探讨，对模糊逻辑及模糊信息处理技术的研究。模糊数学的应用范围已遍及自然科学与社会科学的几乎所有领域，特别是在模糊控制、模式识别、聚类分析、系统评价、数据库、系统决策、人工智能及信息处理等方面取得了显著成就。

在应急管理领域采用模糊决策理论进行研究刚刚起步，其研究的内容也仅限于应急资源调度和布局问题。Yi 等人描述了应急突发事件物流的模糊动态协调模型，[39]解决如伤员输送和转运到医院，以及从仓库到配送中心的物资运输。由于灾害发生后面临着高度的不确定性，如伤员数量、需求、供应以及医院的服务水平，这些都可以用模糊数来表示。模型在基于模糊数区间的基础上产生了物资运输计划。

Sheu 也考虑了应急物流配送方法，但是与上面的模糊数的方法不同，本文中考虑利用分类模糊簇优化的方法进行灾区的分组活动，然后再进行应急物资的合作配送活动。

Araz 建立了模糊多目标规划的基于覆盖的应急车辆选址模型。模型考虑了每辆车最大化覆盖的人口和最大化备份覆盖的人口，并通过最小化整个旅行距离来提高服务水平。在求解方法上利用了模糊目标规划的方法。试验证明这种方法是很有效的。

2.2.3.2 分类分级方法

分类分级是一种处理不确定性问题的有效方法，在处理不确定性的突发事件时，由于非常规突发事件发生的灾害种类不确定，每种灾害的等级也不确定，因此，可以利用分类分级的思想考虑突发事件的应急决策问题。将不确定性突发事件先进行合理的分类，然后利用分级的方式去处理相关的决策问题。特别是利用分类分级的思想进行资源布局活动，或者用于指导建立预案，调整资源配置，从而起到未雨绸缪的作用，为灾害发生时的应急救援活动奠定良好的基础，保证救援工作的快速、有效、积极开展。

目前关于分类分级方法的研究中，计雷等人的《突发事件应急管理》

一书中详细地阐述了分类分级基本思想、作用与特点，突发事件的分类分级的方法与步骤。[40]

杨静等人从系统的角度对应急管理中突发事件分类分级的思路和方法进行了研究，重点针对突发事件发生前或处置过程中的变化情况，把突发事件的分类分级与资源保障程度紧密联系起来，突出了时间因素对分类分级的影响。通过分类分级可以确定突发事件发生、发展及状态转移的状况，为建立突发事件处置预案提供依据。[41]

刘佳等人对应急管理中的动态模糊分类分级算法进行了深入研究，文章利用模糊决策的相关理论方法，提出了动态模糊分类分级模型，估计出未来某时间点的事件级别，并根据马尔可夫原理给出了级别转移的概率，对模糊决策结果进行检验，并在此基础上进行了案例应用。[42]

2.2.3.3 风险评价分析的应用

目前，在风险管理理论中，风险是对目前所采取的行动在未来没有达到预期结果（失败）的可能性。其大小可用失败的概率和失败的后果两个变量来标识，即：风险＝事件发生的概率×发生造成的损失。因此，风险分析有狭义和广义两种，狭义的风险分析是指通过定量分析的方法给出完成任务所需的费用、进度、性能三个随机变量的可实现值的概率分布。而广义的风险分析则是一种识别和测算风险，是开发、选择和运用管理方案来解决这些风险的有组织的手段。它包括风险识别、风险评估和风险管理三方面内容。

目前，应急管理中的风险分析研究大多针对具体的突发事件展开广义的风险管理研究，如煤矿安全事故，突发水污染事故，危险品运输的应急响应网络设计等。而具体到应急资源布局决策是一项系统工程，要考虑政策、法律、技术、安全、经济和社会等方面的因素，要考虑目标区域的风险分析结果，只有这样才能根据优先排序进行应急资源布局。

Karl 等人提出了一个关于海啸多发地的多目标布局规划模型，背景是斯里兰卡某两个海岸城市建立学校等公共设施时考虑海啸引发的淹没风险的选址布局问题。[43]模型中考虑了三个目标函数：最小化设施布局准则、最大化覆盖布局准则的加权和最小构成第一个目标函数，其中，最小化设施布局准则是使每个人群聚集中心到达与其最近学校的距离乘以该中心的人数的总和最小；最大化覆盖布局准则是使在不超过给定行走距离的限制下，所有不能到达最近学校的学生数目最小。第二个目标函数是使选择的布局方案的海啸风险最小化，作者根据历史数据估计出了在每个布局点当海啸达到某一高度的概率，根据这个概率和受灾人数乘积的总和得出一个风险函数。第三个目标函数是最小化费用，包括学校基本的建造维护费用和由于风险需求额外的扩容费用。最后给出了一个应用遗传算法的解决方案。

Sherali 等人研究如何分配可用的紧急响应物资来减轻大规模突发事件造成的风险。在文章中仍然利用风险的一般定义：风险＝灾害发生的概率×发生造成的破坏。[44]给定灾区发生某种灾害的风险，风险降低函数为配置资源的指数函数。目标为三种风险度量函数的加权最小化：整个系统的赋权缓和风险、风险衰减因子的离差和风险衰减因子的最大离差（相对均衡性）。而对每个灾区配置的资源必须满足下限条件。这篇文献在求解方法上也很有特色，利用变量替换的方法将原非线性模型线性化，只有一个约束条件为凹函数。利用求解线性化模型的逼近规划问题，得到了很好的实验结果。

2.2.3.4 情景分析方法

前面提到的风险管理方法其风险管理思想主要是“预防—应对”，这对于常规的突发事件是适合的。随着各种非常规突发事件的发生，特别是难以预防的突发事件，利用情景分析的方法，根据“情景”进行应对决策，无疑是一种比较好的方法。这个应急管理中的核心环节也是一个典型的管理科学问题。

情景分析在定量分析中嵌入了大量的定性分析以指导定量分析的进行，所以是一种融定性与定量分析于一体的新预测方法。在应急管理中，情景是突发事件的灾难对受灾体形成灾害的情形及程度与其发展蔓延和引发次生灾害一系列情况、趋势、可能性的描述，是应急管理分类分级和应急决策的依据。布局中一个关键问题就是资源需求预测，情景分析法就是基于对可能发生灾害影响状况的较为清晰的预测，进而帮助决策者来建立合理资源布局体系。

在传统的随机优化方法中，情景分析是建立模型的一个基础。当给出各种情景及其概率规律后，就可以建立随机优化模型。Liu 等人考虑了将有限的道路维修资源配置到连接公路的桥梁上以改善整个交通系统的稳定性。[45]问题抓住各个交通设施相互依赖的特性，而且处理了决策环境中高度的不确定性，将网络维修问题描述为一个二阶段的随机优化问题，目标是使系统损失的平均风险降至最低。

Barbarosoglu 等人研究基于情景分析的资源布局与调度，提出了两阶段随机规划模型，将不确定的因素看作随机变量，利用情景分析法给这些随机变量赋值，不同的情景有不同的出现概率，最终考虑布局的期望总费用最小。[46]Chang 在前人选址和配置的研究基础上，引入情景以及情景发生的概率来刻画这种需求的不确定性，从而建立随机规划模型。在建模时，Chang 将灾区进行分组，组之间物资不再相互调配，组内进行分级，灾区级别越低表示灾情越严重，从而物资调配是从高级别的灾区调到低级别的灾区。在每种情景下，物资调配会产生一定费用，模型的目标是综合各种情景下的物资调配费用和仓储费用最低。在模型的求解上由于随机规划模型的精确解很难求出或者不可能求出，因此，利用了样本均值的近似方法求解。

从以上应急资源布局问题的研究总结可以看到，早期的应急资源布局问题主要是针对应急设施的选址问题展开。在此基础上，又展开了针对不确定条件下的应急设施选址问题的研究，这一时期主要是利用概率分布的方法，考虑不确定性需求具有一定的概率分布。随着各种非常规突发事件的发生，人们逐渐开始考虑利用一些其他的处理不确定性的方法，如风险分析或情景分析等展开研究。在接下来的研究中，本书针对应急资源布局中遇到的不确定性数据，如需求、发生的时间、地点等的处理方法展开研究，分别采用分类分级方法、基于情景分析的随机优化方法以及鲁棒优化方法，解决不确定条件下的应急资源布局研究。

3 基于分类分级思想的应急资源布局模型与算法

分类分级是一种处理各种不确定性事件的有效方法，在日常生活中存在许多分类分级的例子，它能够保证人们的生活有条不紊地进行。分类分级方法也是一种处理突发事件的思想和技术。特别是应对各种非常规突发事件时，合理的分类分级方法能够有效地应对各种情况。当面临突发事件时，各种灾害的情况都是不确定的。当突发事件发生初期，进行一个初步的判断能够明确事件的类型和级别。这样就能有效地将不确定性在一定程度上变成了确定性，从而迅速有效地选择救援的方案。

分类分级的思想应该贯穿于整个突发事件的过程中。近年来，各类大规模突发事件频繁发生，给社会造成了惨痛的悲剧。反思突发事件处理不力的事实，既包含事前的资源布局不合理，也包括资源的配置不当造成了救援时间的延误。当发生突发事件时，处置过程中固然需要不断地进行分类分级以根据突发事件的态势变化进行处置方案的调整。但是，事前利用分类分级的思想进行资源布局活动，或者用于指导建立预案、调整资源配置，能起到未雨绸缪的作用，为灾害发生时的应急救援活动奠定良好的基础，保证救援工作快速、有效、积极地开展。

突发事件的分类比较明显，例如地震和水灾是两种不同类型的灾害。但是分级的方法要根据具体类型的灾害而言。在分类的基础上，突发事件分级的一般步骤如图 3－1 所示。

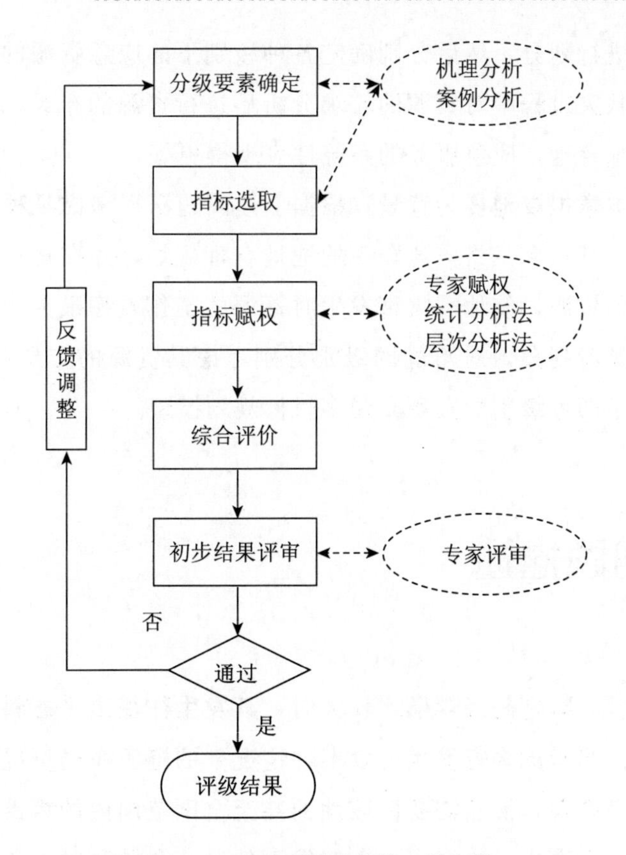

图 3-1 突发事件分级的一般步骤

事件的分级过程类似于一个综合评价的问题，由于事件分级指标多、层次多，所以在评价过程中选择合适的评价方法和模型十分重要，具体情况中还要进行一些方法的集成。从另外一个角度来讲，分类分级本质上可以认为是一种情景分析的方法，采用这种方法得到的不同种类、各种级别的突发事件的情形，可以认为是初步进行情景分析的结果。

当按照上述原则确定完突发事件的级别后，可以根据分级的结果对现有的资源进行合理地配备，从而保证应对突发事件的能力，使得既不会出现资源的配置不足，造成应对能力低下，也不能使资源配置过多，造成浪费。

假定我们按照某种原则对突发事件进行分级，并且将灾区按照属地或者行政区域进行划分，然后分别确定各种级别下的应急资源的需求。同时充分考虑到救灾过程中对资源的需求分析后进行资源的布局，会使应急资源的布局更加合理，应急服务的系统性表现得更好。

因此，本章拟以地震为背景，根据上述问题深入考虑某种应急救生资源布局问题，其目标是将应急资源的地址合理规划，并在每一个地址上配置相应数量的资源，使地震灾害发生时资源的工作效率最大化。本书考虑将地震级别进行划分，对不同的级别分别考虑其资源的布局和选址问题，建立一个基于两种级别的资源布局多目标规划模型。

3.1 问题描述

突发事件，特别是当规模比较大时，其发生往往出乎意料，给社会造成严重危害。当考虑多点发生突发事件情况下的资源布局情况时，不仅需要局部的应急响应，而且需要区域性的甚至全国范围内的帮助，例如自然灾害和恐怖分子袭击。当多点发生突发事件时，会导致对应急资源的突然大量需求，导致物资供应很难在有限的时间内得到满足。本模型以地震为背景，考虑应对大规模突发事件的救生设备的资源布局问题。解决某个地震易发区域内应对某个地区多点同时发生地震时的救生设备的选址和配置问题，即在给定待选的地点中选取若干地址，并配置适量的救生设备，当多个点同时发生地震后，在初期营救阶段最大化物资保障程度。本模型中我们假定该地区暂时还没有建立针对地震的应急救援体系，其应对地震的应急救援保障体系刚刚处于起步阶段。因此，既需要应急救援供应点的选址，也需要应急资源的相关配置方案，我们面对的灾害是不确定的，会有各种可能的情况发生，如发生的时间、地点和级别都是不确定的。

模型主要基于如下考虑：

第一，将该区域按照地震带划分成若干个地区，按照分类的原则，当地震发生时，只是处在某个地震带上的某个地区会受到影响，整个区域同时发生大规模地震的可能性非常小，这样只需要对每个地区考虑资源布局的情况。

第二，按照分级的原则，考虑两种级别的突发事件，按震级大小可把每个地区的地震划分为以下几类：弱震震级小于3级；有感地震震级等于或大于3级、小于或等于4.5级；中强震震级大于4.5级、小于6级；强震震级等于或大于6级。其中，震级大于等于8级的又称为巨大地震。因为弱震和有感地震造成的损失非常小，而巨大地震造成的破坏性非常大，在资源的配置中需要进行额外的布局考虑，而且需要动员全社会的资源，因此本文考虑两种级别 low 和 $high$，分别代表中强震和强震两种级别。

第三，当某个地区 i 发生大规模突发事件时，其他区域内同时发生的概率很小，即两个地区不会同时发生大规模突发事件。当级别为 low 时，本地区的资源就可以满足救灾需要，当级别为 $high$ 时，该地区的资源只能够满足一部分要求，还需要其他地区的资源，这样，既缓解了本地区资源的不足，又减少了资源投入和维护的成本。

3.2 应对突发事件的分类分级资源布局模型

3.2.1 模型假设和决策变量

将需要布局的区域按照地震带进行划分，分成 $|I|$ 个地区，$i \in I$，每个地区 i 中待选的应急仓库地址记为 $j \in J_i$，而每个地区 i 中的灾区需求点（以下简称灾区）记为 $k \in K_i$。为描述方便，记 $J = J_1 \cup J_2 \cup \cdots \cup J_{|I|}$，$K = K_1 \cup K_2 \cup \cdots \cup K_{|I|}$。

假设1 只考虑某种救生设备，如小型挖掘机，这种救灾物资在地震救援中起到非常关键的作用。在考虑目标函数时，在两种级别下均考虑到救生设备的时间紧迫性，考虑角度有所不同。

假设 2 考虑当地震灾害发生时一段时间内，主要是利用在仓库中已有的救生设备进行救援，由于外援很难在短时间内筹集到相关的资源，因此，暂不考虑有外援的情况。

假设 3 当地区 i 发生地震时，暂不考虑资源在灾区间的相互调配。事实上，在救灾过程中同一个地区的灾区间相互调配资源一般不能起到很好的救灾效果。

假设 4 发生地震后，假设从应急仓库 j 出发的应急资源能够在同一时刻到达灾区 k，这样的假设是应急资源集中供应的结果，在本模型中是合理的假设条件。

为了便于描述不同级别下的救灾情况，需要区分同一种变量的两种不同级别下的表达方式。

模型参数：

d_{ik}^{l}——地区 i 中，灾区 k 在级别为 l 时的资源需求量，$l = low\ or\ high$；

f_{ij}——地区 i 中，仓库 j 的建设费用；

t_{ijk}^{low}——在级别为 low 时，在地区 i 中，从供应仓库 j 到灾区 k 的广义时间距离；

t_{ik}^{j}——在级别为 $high$ 时，从供应仓库 j 到地区 i 所在的灾区 k 的广义时间距离，仓库 j 不一定在地区 i 中；

cap——救灾物资的单位体积；

h——救灾物资的单位成本；

V_{ij}——地区 i，供应仓库 j 的容积；

C——包括选址和资源配置的固定投入上限；

ε——一个充分小的数；

W——一个充分大的数；

t^{end}——救援结束时间。

在以上参数中，有两点需要说明：第一，救援结束时间 t^{end} 一般为地震黄金救援时间过后的某个时间，可以设为当被困人员没有生还的可能性时，救援结束。第二，针对级别为 low 情况下的需求分析，可以利用取各种情景意义下的平均值的方式来确定。例如，在级别为 low 时，资源的需求量可以认为容易求得，利用情景分析的方法求解资源需求问题。

令 ω^{low} 为当级别为 low 时的情景，则有：

$$\Omega^{low}=\{\omega_1^{low},\ \omega_2^{low},\ \cdots,\ \omega_T^{low}\}$$

Ω^{low} 为各种情景构成的集合，情景 ω^{low} 发生的概率为 $p(\omega^{low})$，$d_{ik}^{low}(\omega^{low})$ 为地区 i 中第 k 个需求点在级别为 l 时，情景为 ω^{low} 的资源需求量，则有：

$$d_{ik}^{low}=\sum_{\omega^l\in\Omega^l}p(\omega^{low})\,d_{ik}^{low}(\omega^{low})$$

当地震级别为 $high$ 时，其资源的需求量是比较大的，且量也不容易确定。因此，应该考虑固定的资源供应情况下应急资源的配置情况，针对这种情况，将在下一节中详细描述。

决策变量：

x_{ij}——在地区 i 中，仓库 j 被选址，则为1；否则为0；

y_{ijk}^{low}——当级别为 low 时，在地区 i 中，仓库 j 为灾区 k 提供应急资源量；

$z_{ik}^{high}(t_{ik}^j)$——当级别为 $high$ 时，仓库 j 为地区 i 中的灾区 k 在时刻 t_{ik}^j 提供的应急资源量，这里，仓库 j 不一定在地区 i 中；

c_{ij}——地区 i 中，供应仓库 j 中允许提供的应急资源的数量。

3.2.2　描述地震级别为 *high* 时的营救过程

当级别为 $high$ 时，造成的破坏性会比较大，对应急资源的需求量一般会比较大，所以，需求往往也很难满足。但是，应急资源的工作效率随着物资到达的量而发生变化，被困人员的生存概率会随着时间的增加而逐渐降低。因此可以按如下方式考虑当地震发生时的营救过程。对于灾害发生时的最优资源配置而言，时间是一个主要的影响因素。这是因为救灾资源到达的时间决定了救出的人员能否存活下来。对于被困人数来说，生存的概率会随着时间逐渐降低，并且依赖于身体状况和受伤类型。由于这些因素在人员被营救出来之前并不能确切知道，因此，在这里只能处理平均的生存概率。这个概率是根据以往发生的地震情况统计出来的。除了个体的健康状态，天气状况和倒塌的建筑物的状态也对被困人员的生存率起着重要作用。由前面的描述可知，集中的救援时间应该是在黄金救援时间内。

设被困人数随着时间的生存概率密度函数为 $g_{ik}(t)$，不妨假设其为：

$$g_{ik}(t)=e^{-\theta t}$$

θ 的取值与灾区的建筑物结构有关，如图 3－2 所示。

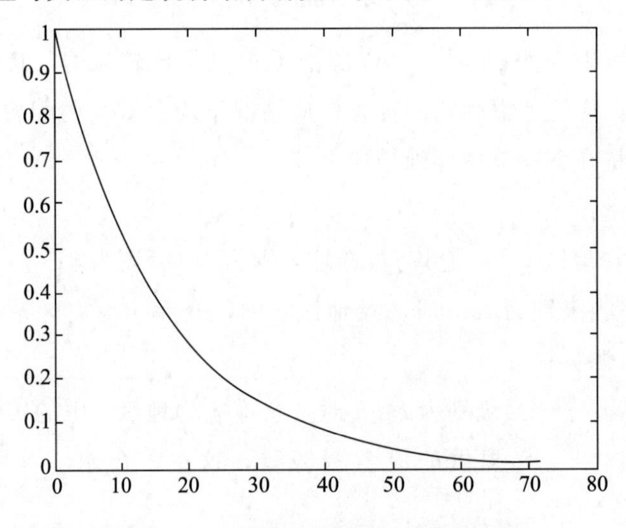

图 3－2　人的生存概率随时间变化趋势

设地震发生的时间为初始时刻 0，对于地区 i 中的每个灾区 k，不但需要本地区 i 提供应急资源，还需要其他地区提供资源，因此，将区域内所有的应急仓库按照到达灾区的广义时间从小到大进行排列，则有：

$$0<t_{ik}^{1}\leqslant t_{ik}^{2}\leqslant\cdots\leqslant t_{ik}^{|J|-1}\leqslant t_{ik}^{|J|}$$

t_{ik}^{j} 表示应急资源从供应点 j 到达灾区 k 的时刻。这样，将每个地区的每个灾区的营救时间划分为若干时间段，则有：

$$[0, t^{end}] = [0, t_{ik}^{1}] \cup (t_{ik}^{1}, t_{ik}^{2}] \cup \cdots \cup (t_{ik}^{|J|-1}, t_{ik}^{|J|}] \cup (t_{ik}^{|J|}, t^{end}]$$

设每个地区 i 中，灾区 k 的初始被困人数为 $n_{ik}(0)$；设应急资源到达灾区 k 后，立即投入使用。假设在时间段 $(t_{ik}^{j-1}, t_{ik}^{j}]$ 内所有被救人员均在时刻 t_{ik}^{j} 得到营救，则在 t_{ik}^{j} 时刻，得到在时段 $(t_{ik}^{j-1}, t_{ik}^{j}]$ 内资源完成的工作量为：

$$\Delta E_{ik}(t_{ik}^{j}) = \sum_{t=_{ik}^{1}}^{t_{ik}^{j-1}} z_{ik}^{high}(t) \cdot w(t) \cdot (t_{ik}^{j} - t_{ik}^{j-1}),\ j = 2, 3, \cdots, |J|, |J|+1$$

式中，$t_{ik}^{1}=0$，$t_{ik}^{|J|+1}=t^{end}$，$w(t)$ 为单位资源的工作效率，它随着 t 的变化而发生变化，一般情况下是 t 的减函数，根据实际情况，可以得到 $w(t)$ 的表达方式。比较简单而且容易求解的表示方式可以为：

$$w(t) = -at+b,\ a>0$$

不妨假设在时间段 $(t_{ik}^{j-1}, t_{ik}^{j}]$ 内营救出的平均人数为：

$$\Delta n_{ik}(t_{ik}^{j}) = \frac{\sum_{t=t_{ik}^{1}}^{t_{ik}^{j-1}} z_{ik}^{high}(t) \cdot w(t) \cdot (t_{ik}^{j} - t_{ik}^{j-1})}{W_{ik}(0)} \times n_{ik}(0)$$

$W_{ik}(0)$ 为营救出所有的人所需工作量。由被困人员的生存函数，则得到在时间段 $(t_{ik}^{j-1}, t_{ik}^{j}]$ 内存活的人数为：

$$X_{ik}^{alive}(t_{ik}^{j}) = g_{ik}(t_{ik}^{j}) \cdot \Delta n_{ik}(t_{ik}^{j})$$

因此得到救援结束时每个地区 i 的所有存活人员数量为：

$$X_{i}^{alive} = \sum_{k\in K_i} \sum_{t=t_{ik}^{1}}^{t^{ent}} X_{ik}^{alive}(t)$$

每个灾区的总的需求量为：

$$d_{ik}^{high} \geqslant \sum_{t=t_{ik}^{1}}^{t_{ik}^{|J|}} z_{ik}^{high}(t)$$

3.2.3 分级原则下的资源布局模型

综上所述，建立模型 P 如下：

$$\min \quad f_1=\sum_{i\in I}\sum_{j\in J_i}\sum_{k\in K_i} t_{ijk}^{low} y_{ijk}^{low} \tag{3-1}$$

$$\max_s \ \min_i f_2 = X_i^{alive} \tag{3-2}$$

s. t.

级别为 low 时的约束：

$$\sum_{j\in J_i} y_{ijk}^{low} \geqslant d_{ik}^{low} \quad \forall i\in I,\ k\in K_i \tag{3-3}$$

$$\sum_{k\in K_i} y_{ijk}^{low} \leqslant c_{ij} \quad \forall i\in I,\ j\in J_i \tag{3-4}$$

$$y_{ijk}^{low} \geqslant 0，\text{且为整数} \forall i\in I,\ k\in K_i,\ j\in J_i \tag{3-5}$$

公有约束：

$$\sum_{i\in I}\sum_{j\in J_i} f_{ij}x_{ij} + h\sum_{i\in I}\sum_{j\in J_i} c_{ij} \leqslant C \tag{3-6}$$

$$cap\cdot c_{ij} \leqslant V_{ij} \quad \forall i\in I,\ j\in J_i \tag{3-7}$$

$$\varepsilon x_{ij} \leqslant c_{ij} \leqslant M x_{ij} \quad \forall i\in I,\ j\in J_i \tag{3-8}$$

$$x_{ij}\in \{0,1\},\ c_{ij}\geqslant 0，\text{且为整数} \forall i\in I,\ j\in J_i \tag{3-9}$$

级别为 $high$ 时的约束：

$$\sum_{t=t_{ik}^1}^{t_{ik}^{|J|}} z_{ik}^{high}(t) \leqslant d_{ik}^{high} \quad \forall i\in I,\ k\in K_i \tag{3-10}$$

$$\sum_{k\in K_i} z_{ik}^{high}(t_{ik}^j) \leqslant c_{i'j'} \quad \forall i\in I,\ i'\in I,\ j'\in J_{i'} \tag{3-11}$$

$$z_{ik}^{high}(t_{ik}^j) \geqslant 0，\text{且为整数} \forall i\in I,\ k\in K_i,\ j\in J \tag{3-12}$$

模型中有两个目标函数，函数（3-1）为级别为 low 时总花费最少，目标函数（3-2）表示级别为 $high$ 时，每个地区营救出来的最少的生存人数最多。这体现了针对每个地区的营救的公平性要求。

之所以对两种级别的突发事件分别进行考虑，是因为低级别的需求都能够满足，通过低级别的资源布局可以初步决定应急资源的选址问题，然后再通过对高级别进行资源的配置，将剩余资源分配到各个选址点。在下面的算法中将体现这一思想。而且两种级别下的目标函数都是对资源的有效性描述，因此，二者在本质上是一致的。

约束（3-3）～约束（3-5）是针对级别为 low 时的约束，约束（3-

3）表示对每个灾区的供应量应该大于其需求量，约束（3-4）表示每个应急供应点的供应量不超过存储量。约束（3-10）～约束（3-12）是级别为 $high$ 的约束，约束（3-10）表示所有供应仓库向每个灾区供应的量不超过其需求量。约束（3-11）表示任意地区 i' 内的任意供应点 j' 向发生地震的地区 i 供应的量不超过其存储量。约束（3-6）～约束（3-9）是针对两种级别下关于资源的选址变量和配置变量的公有约束。约束（3-6）和约束（3-7）表示总的投入约束和仓库的容量约束。约束（3-8）表示只有仓库被选址才能存储物资。约束（3-5）、约束（3-9）、约束（3-12）表示整型约束。

设上述模型的可行域为 S，$s \in S$，$s = \{x_{ij}, y_{ijk}^{low}, z_{ik}^{high}(t), c_{ij}\}$ 为可行解。

3.3 求解算法

对于多目标规划的解法，从大的方面看，可以分为直接算法和间接算法。所谓直接算法是指像单目标那样针对规划本身直接去求解。间接算法则指根据问题的实际背景和具体的容许性，在各种意义下将多目标问题转化成单目标问题。而细分还可以分成：转化成一个单目标问题的算法，转化成多个单目标问题的算法，以及非统一模型的算法等。模型 P 是多目标线性整数规划问题且涉及的变量比较多，规模比较大，要想利用直接解法基本不可能。

分析模型可知，由于目标函数（3-2）的重要性，可以利用间接法，即将模型的两个目标函数其中之一进行处理为适当的约束条件。可将函数（3-1）作为主要函数，目标函数（3-2）处理为适当的约束。目标函数（3-1）与约束（3-10）～约束（3-12）无关，故先求解下列整数规划问题 $P1$：

$$\min \sum_{i\in I}\sum_{j\in J_i}\sum_{k\in K_i} t_{ijk}^{low} y_{ijk}^{low}$$

$$\text{s.t.} \quad 式（3-3）\sim 式（3-9）$$

设问题 $P1$ 的目标函数的最优值为 f_1，然后求解如下整数规划问题 $P2$：

$$\max_{s} \min_{i} X_i^{alive}$$

$$\text{s.t.} \quad 式（3-3）\sim 式（3-12）$$

$$\sum_{i\in I}\sum_{j\in J_i}\sum_{k\in K_i} t_{ijk}^{low} y_{ijk}^{low} \leqslant f_1$$

这样，就可以求出模型 P 的有效解。首先，我们分析一下如何求解子问题 $P1$。

子问题 $P1$ 本质上是一个中线问题，要求所有的点在发生灾害时需求都能够满足的情况下求权距离和最小。常见的 P—中线问题可用线性规划技巧、整数规划技巧和松弛方法来求解。另外，人们也提出了一些启发式求解方法。由于子问题 $P1$ 的规模比较大，因此，考虑利用 Lagrangean 松弛启发式算法求解，即利用次梯度优化方法求解 Lagrangean 松弛问题。由于在论文中有几个章节都用到了 Lagrangean 启发式方法，因此，首先介绍一下 Lagrangean 松弛理论。

3.3.1 Lagrangean 松弛方法的基本思想

Lagrangean 松弛方法的基本原理是，将造成问题难的约束吸收到目标函数中，并使目标函数仍保持可行，使问题容易求解。考虑下面的整数规划问题：

$$z_{IP} = \min c^{\mathrm{T}} x$$

$$\text{s.t.} \quad Ax \geqslant b$$

$$Bx \geqslant d$$

$$x \in Z_+^n$$

其中 A，b 为 $m\times（n+1）$整数矩阵，（B，d）为 $l\times（n+1）$记 IP 的可行解区域为：

$$F = \{x \in Z_+^n \mid Ax \geqslant b,\ Bx \geqslant d\}$$

在 IP 模型中，$Ax \geqslant b$ 为复杂约束的名称，如果将该项约束去掉，则 IP 可以在多项式时间内求得最优解，即假定：

$$\begin{aligned} z_{IP} &= \min c^{T} x \\ \text{s.t.} \quad & Bx \geqslant d \\ & x \in Z_{+}^{n} \end{aligned} \tag{3-13}$$

可以在多项式事件内求得最优解。

对给定的 $\lambda = (\lambda_1, \lambda_2, \cdots, \lambda_m,)^{T} \geqslant 0$。$IP$ 对 λ 的 Lagrangean 松弛（在不对 λ 的取值产生混淆时，简称为 LR）定义为：

$$\begin{aligned} z_{LR} &= \min \{c^{T} x + \lambda^{T} (b - Ax)\} \\ \text{s.t.} \quad & Bx \geqslant d \\ & x \in Z_{+}^{n} \end{aligned}$$

LR 的可行解区域记为：

$$F_{LR} = \{x \in Z_{+}^{n} \mid Bx \geqslant d\}$$

定理 3.1

LR 同式（3-13）有相同的复杂性，且若 IP 的可行解区域非空，则：

$$\forall \quad \lambda \geqslant 0 \Rightarrow z_{LR}(\lambda) \leqslant z_{IP}$$

证明：令

$$g(x, \lambda) = c^{T} x + \lambda^{T} (b - Ax)$$

则有：

$$g(x, \lambda) = (c^{T} - \lambda^{T} A) x + \lambda^{T} b$$

该公式为 x 的线性函数。而 $\lambda^{T} b$ 为常数，又因为它们的约束相同，故 LR 同式（3-13）的复杂性相同。很明显可以看出：

$$F \subseteq F_{LR}$$

且：

$$\forall \quad \lambda \geqslant 0, \ x \in F \Rightarrow c^{T} x + \lambda^{T} (b - Ax) \leqslant c^{T} x$$

因此得到：

$$\forall \quad \lambda \geqslant 0 \Rightarrow z_{LR}(\lambda) \leqslant z_{IP}$$

由定理 3.1 说明 Lagrangean 松弛是 IP 问题的下界，我们的目的是求

与 z_{IP} 最接近的下界。于是需要求解：

$$z_{LD}=\max_{\lambda\geqslant 0} z_{LR}(\lambda)$$

问题 LD 称为 IP 的 Lagrangean 对偶。

3.3.2 求解子问题 *P*1

分析问题模型 $P1$ 发现，可以将约束（3-3）和约束（3-6）放入目标函数中，从而剩余的约束条件只与指标 i 和 j 相关，而使问难变得易于求解。因此，松弛约束（3-3）和约束（3-6）可以得到下列优化问题：

$$\min \sum_{i\in I}\sum_{j\in J_i}\left[\sum_{k\in K_i}(t_{ijk}^{low}-\lambda_{ik})\,y_{ijk}^{low}+\bar{\lambda}(f_{ij}x_{ij}+hc_{ij})\right]$$

s. t. 式（3-4）～式（3-5），式（3-7）～式（3-9），

λ_{ik}，$\bar{\lambda}\geqslant 0$　$\forall i\in I$，$k\in K_i$

其中 $\lambda=(\lambda_{ik},\bar{\lambda})$，$\forall i\in I$，$k\in K_i$ 为 Lagrangean 乘子，上述问题可以划分为 $|I|\times|J_i|$ 个子问题 P'_1 进行求解，即对 $\forall i\in I$，$j\in J_i$，有：

$$\min\sum_{k\in K_i}(t_{ijk}^{low}-\lambda_{ik})\,y_{ijk}^{low}+\bar{\lambda}(f_{ij}x_{ij}+hc_{ij})$$

$$\text{s. t.}\quad \sum_{k\in K_i} y_{ijk}^{low}\leqslant c_{ij}$$

$$\varepsilon x_{ij}\leqslant c_{ij}\leqslant Mx_{ij}$$

$$cap\cdot c_{ij}\leqslant V_{ij}$$

$$x_{ij}\in\{0,1\}$$

$$c_{ij},\ y_{ijk}^{low}\geqslant 0\text{，且为整数，}\forall k\in K_i$$

而 P'_1 可以在多项式时间内求解：

令 $k^*=\arg\min_k(t_{ijk}^{low}-\lambda_{ik})$，分析可知，在最优解中，若 $x_{ij}=1$，必有 $y_{ijk^*}^{low}=c_{ij}$，因此，只需求解下列数学规划问题：

$$L(\lambda)=\min\,(t_{ijk^*}^{low}-\lambda_{ik^*}+\bar{\lambda}h)\,c_{ij}+\bar{\lambda}f_{ij}x_{ij}$$

$$\text{s. t.}\quad \varepsilon x_{ij}\leqslant c_{ij}\leqslant Mx_{ij}$$

$$cap\cdot c_{ij}\leqslant V_{ij}$$

$x_{ij}\in\{0,1\}$，$c_{ij}\geqslant 0$，且为整数

若 $t_{ijk^{\cdot}}^{low} - \lambda_{ik*} + \bar{\lambda} h \geqslant 0$，令：

$$y_{ijk^{\cdot}}^{low} = c_{ij} = 0，\ x_{ij} = 0$$

否则，令：

$$y_{ijk^{\cdot}}^{low} = c_{ij} = \frac{V_{ij}}{cap}，\ x_{ij} = 1$$

这样得到问题 $P1$ 的求解步骤如下：

步骤1：任选一个初始 Lagrangean 乘子 $\lambda^1 = (\lambda_{ik}^1，\bar{\lambda}^1)$，$\forall i \in I，k \in K_i$，$m=1$；

步骤2：第 m 步，求解参数 λ^m 的问题 $P1$，得到第 m 步的解；

步骤3：按如下方式更新 Lagrangean 乘子；

$$\lambda_{ik}^{m+1} = [\lambda_{ik}^m + \mu_m (d_{ik}^{low} - \sum_{j \in J_i} y_{ijk}^{low,m})]^+，\ \forall i \in I，k \in K_i$$

$$\bar{\lambda}^{m+1} = [\bar{\lambda}^m + \bar{\mu}_m (\sum_{i \in I} \sum_{j \in J_i} f_{ij} x_{ij}^m + h \sum_{i \in I} \sum_{j \in J_i} c_{ij}^m - C)]^+$$

步骤4：若是满足迭代次数，则停止，否则，令 $m=m+1$，转步骤2。

注：在步骤3中 Lagrangean 乘子的更新表达方式中，$y_{ijk}^{low,m}$，x_{ij}^m，c_{ij}^m 表示当 Lagrangean 乘子为 λ_m 时的决策变量值。μ_m，$\bar{\mu}_m$ 是第 m 步的步长。为了保证这个方法能够解决 Lagrangean 乘子问题，我们需要仔细考虑步长的选择问题。若是选择得太小，算法将会停留在当前点而不熟练；若是选择步长过大，迭代乘子 λ_m 将会越过最优点，甚至停止在非最优解处。下面的选择方式将会保证算法收敛，即 μ_m，$\bar{\mu}_m$ 的选取应该满足：

$$\mu_m \to 0，\ \sum_{n=1}^{m} \mu_n = \infty，\ \bar{\mu}_m \to 0，\ \sum_{n=1}^{m} \bar{\mu}_n = \infty$$

不妨设：

$$\mu_m = \bar{\mu}_m = \frac{1}{m}$$

经过上述步骤，求解问题 $P1$ 的规模大大减小，并且可以利用并行的方式在多项式时间内求解，从而求得解 s_1 和 f_1。

3.3.3 求解子问题 *P2*

子问题 $P2$ 实际是求解资源的最大效用问题，实际上是一个 P—中心问题，因此，利用如下启发式算法求解。

步骤 1：初始解为上一步得到的解 s_1，总投入为 C_1。

步骤 2：第 k 步，设当前得到的解为 s_k，总投入为 C_k。任取一个供应点，求出它到每个地区内所有灾区的平均距离作为时间半径，找出这个供应点的最大时间半径。然后，找到所有的供应点中最大时间半径最短的那个点作为当前点。设找到的为第 i 个地区的第 j 个仓库。

步骤 3：若在 s_k 中，$x_{ij}=1$ 且 $C_k<C$，则令：

$$c_{ij}=\min\left\{\frac{V_{ij}}{cap},\ \frac{C-C_k}{h}\right\}$$

若 $c_{ij}=\frac{C-C_k}{h}$，则说明资源已经分配完，停止计算。否则，转下一步。

若在 s_k 中，$x_{ij}=0$，则令：

$$x_{ij}=1,\ c_{ij}=\min\left\{\frac{V_{ij}}{cap},\ \frac{C-C_k}{h}\right\}$$

同理，若 $c_{ij}=\frac{C-C_k}{h}$，则说明资源已经分配完，停止计算。否则，转下一步。

步骤 4：将步骤 2 中得到的点去掉，$k=k+1$，转步骤 2 并重复上述步骤。

这样得到了最终的物资布局的方案 s^*。

实际上，本算法中并没有求解 z_{ik}^{high} (t_{ik}^{j})，可以在资源布局完成后进行考虑，我们的目的是考虑资源布局的方案，故在此不考虑求解 z_{ik}^{high} (t_{ik}^{j})。

有了以上的讨论作为基础，很容易得出求解模型 P 的步骤：

第一步：利用 3.3.2 中的算法求解子问题 $P1$，设求得最优值为 f_1；

第一步：利用 3.3.3 中的算法求解子问题 $P2$，得到问题的最优解 s^*。

3.4 算例应用

本节我们考虑模型的执行情况。先来描述一下测试问题的特点，还有相关的数据参数。考虑我国某省针对地震的应急资源配置问题。由于该省处于地震带上，各种级别的地震灾害频发。为了有效应对地震灾害，决定在该省份进行应急资源布局计划。如图 3-3 所示，该省处于三个地震带上，按照地震带将该区域划分为三个地区，其中方块 1～8 表示 8 个待选应急供应点的仓库地址，圆圈 1～11 表示 11 个灾区。与物资配置相关的参数和两种级别下的需求参数分别由表 3-1、表 3-2 和表 3-3 提供。

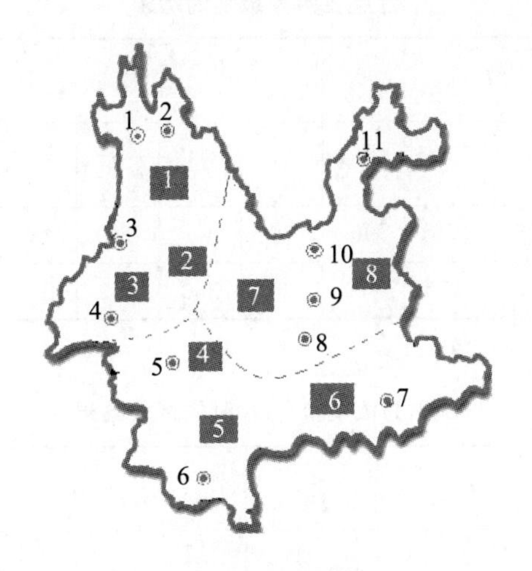

图 3-3 算例图示

表 3-1 配置相关参数数据

C	W	h	cap	V_{ij}	f_{ij}	t^{end}	θ
7400	max	5	0.5	130	500	72	1/16

表 3-2　时间距离表格

K \ J		I_1				I_2			I_3			
		1	2	3	4	5	6	7	8	9	10	11
I_1	1	10	10	17	30	30	50	54	34	31	28	37
	2	22	23	13	20	17	36	46	26	25	25	38
	3	26	28	8	9	16	35	53	34	35	37	50
I_2	4	36	39	24	22	6	21	37	20	23	26	44
	5	51	52	37	30	14	8	32	22	28	33	53
	6	57	55	49	47	30	26	11	11	17	20	40
I_3	7	33	33	26	28	16	31	32	13	13	14	33
	8	50	47	49	54	39	46	21	17	12	11	19

表 3-3　各点在两种级别的需求

地区	I_1				I_2				I_3		
灾区 \ 级别	1	2	3	4	5	6	7	8	9	10	11
low	80	85	55	90	70	90	80	50	90	70	40
high	220	200	170	170	190	230	250	210	200	200	250

表 3-4　级别为 *low* 和 *high* 时的试验结果

	地区	I_1		I_2				I_3	
	待选点	1	2	3	4	5	6	7	8
low	x_{ij}	1	0	1	1	1	1	0	1
	c_{ij}	165	0	145	70	90	80	0	250
high	x_{ij}	1	0	1	1	1	1	0	1
	c_{ij}	165	0	145	150	90	80	0	250

有了相关的数据，根据上一节描述的算法，利用 Matlab6.5 编程，得

到最终的运行结果如表 3 - 4 所示。当地震级别为 *low* 时，在地区 I_1 中，仓库 1 和 3 被选址，其供应量分别为 165 和 145；在地区 I_2 中，仓库 4、5 和 6 均被选址，其供应量分别为 70、90、80；在地区 I_3 中，仓库 8 被选址，其供应量为 250。级别为 *high* 时，只需要将仓库 4 的存储量变为 150 即可。

3.5 小结

本章根据应急突发事件的分类分级原则，建立了考虑两种不同级别下的资源布局模型。将应急仓库的选址和资源的配置结合在一起进行考虑，使总的资源效率最大。本章的创新点主要有以下几点：

（1）将突发事件的不确定性进行了处理，提出利用分类分级的思想求解应急资源布局问题；

（2）针对高级别的应急资源使用情况，详细讨论了其营救过程的机理分析过程；

（3）有效地解决了针对不同级别需求下的资源布局问题，同时针对该问题设计了有效的算法，实例证明了算法的有效性。

4 基于情景分析的应急资源配置随机优化方法研究

突发事件的应急管理是一个多学科交叉问题，其核心思想是针对特定条件下的应对决策。对于难以预防的突发事件，正在形成一种新的管理思想，即"情景—应对"式管理思想，其主要思想是根据"情景"进行"应对决策"。2009年发布的《非常规突发事件应急管理研究》重大研究计划里的"重点支持项目"中，便有两个非常重要的研究方向。

第一，非常规突发事件的数据分析、情景构建理论及方法。主要研究非常规突发事件应对情景的表达要素、构造方法和反演模型，针对表达要素的数据采集与分析机制，多源信息融合传播激励，以及突发事件进程中实施信息源自动判别和关联原理。第二，基于情景的非常规突发事件的预测理论及模型。主要研究"情景—应对"型非常规突发事件对情景的需求，非常规突发事件进程的影响因素识别、评估及作用机理，基于情景和事件演化规律的事件重建方法和预测模型。

但是，应对某类突发事件事前进行资源布局而假设的情景，不同于应对实时决策中的情景。突发事件事前资源布局所依据的情景，既包含了未来发生的突发事件的相关情形，也包含了历史上发生的类似事件的情形假设；而突发事件应急决策中的情景是在突发事件发生后，决策主体所正在面对的真实的境况。可以说前者所包含的范围更加广泛，既包含过去，又包含未来，这样才能综合各种情形描述出有效的情景，从而有利于做出比较合理的决策。

那么，如何针对过去或者未来发生的突发事件进行应急资源供应中心的资源布局呢？对于应急物资的存储，如果过少，当突发事件发生后，会造成物资的极度短缺；而物资存储过多又会造成资源的浪费。为了取得均衡，情景分析的方法无疑是一种比较合理的方法，通过对突发事件的情景分析，借助已有的科学数据，可以计算出某个地区发生突发事件的可能性，将其作为评估事件发生的概率，成为应急资源进行选址、配置的依据。

模拟随机情景是随机优化方法的一个前提条件，理想地构建突发事件的情景应包括所有可能范围。随机规划对于分析具有长期风险的管理决策问题是理想的，是解决不确定性条件下决策性问题的有力分析方法。例如，人类不能够准确地预报一些突发事件（如地震），但是，借助科学依据，科学家可以计算出未来将发生地震的可能性。例如，科学家预测在未来30年内，旧金山湾区发生一次重大地震的概率为67％，而南加利福尼亚发生一次重大地震的概率为60％。由于高度的不确定性和不可预知性，使政府和相关部门只能通过其他预防途径降低突发事件的危害性，如提高基础设施的安全等级、制定有效的预案、合理地资源布局规划活动等。

当利用合理的方式生成情景后，便可以利用随机优化的方法解决应急资源配置问题。本章中即考虑某个大的应急资源储备中心的资源配置情况。假设根据某种原则，其地址已经建好，需要解决的问题就是根据历史和将来可能发生的突发事件对资源进行配置，以使其能够应对突发事件。由上面的分析可知，可以利用情景分析的结果得到突发事件每个情景发生的概率，然后根据每个情景发生的概率，利用随机优化的方法建立相应的资源配置模型。

4.1 情景分析描述

考虑到突发事件具有突发性和不确定程度高的特点，很难在短时期内获得相关的完整信息。与广义的应急资源布局问题相比，针对突发事件的应急资源的布局需要考虑其发生的机理，并寻找合适的建模工具。本章通过分析自然灾害发生后的情景，建立一类反映地震灾害特征的随机规划模型，解决不确定需求情形下的应急物资布局问题，从而为应急管理部门提供有力的决策支持和参考。

本章考虑针对地震这种突发事件的资源布局问题。在前面的研究背景中已经提到，如何充分的做好准备使应急资源恰到好处地进行配置，可以从统筹规划的角度考虑。将灾害发生后的情景划分成两个阶段的随机事件，第一个随机事件表示灾害刚刚发生后的一段时间内震源位置、震级大小的信息；后一个随机事件表示当震源和震级的信息确定后，各个灾区的需求量。利用有限个情景表示不确定性的数据。在分析完地震灾害发生的机理后，建立基于情景分析的随机整数规划模型，解决针对自然灾害的应急资源布局问题。

情景分析是随机规划中处理不确定数据的一种常用方法。自然灾害具有诸多信息不确定的特性，如对应急物资的需求等。因此，考虑应对自然灾害的资源布局问题，可以将自然灾害按照其发生的特征进行情景的划分，如地震发生后的情景由两个阶段的随机事件构成，第一个阶段的随机事件是地震发生后很短一段时间内震源的位置和震级的大小的信息。第二个阶段的随机事件是当震源震级的信息确定后，每个灾区的具体需求量。在下面的模型中，假定两个阶段的所有情景均已经给出。

需要解决的问题是，在所有可能的地震情景发生之前确定中心仓库的资源配置；当地震发生初期，可以立刻得到关于地震发生的震源和震级的精确信息。这时立即启动应急预案，在灾区附近建立临时的供应中心，并通过各种社会渠道筹集应急救援物资，例如，筹集渠道在灾害发生之前就已经确定下来，可以通过政府与企业协商解决，当发生灾害时，企业由正常的生产过程转为生产应急物资。

下面的工作就是从中心仓库和临时供应中心向灾区提供应急物资。若是灾区的需求还未满足，则引入补偿策略，策略可以认为是未满足的需求所造成的经济损失；若是供应灾区的物资超过了需求量，也要引入惩罚，其惩罚为处置过剩的应急物资。目标是希望整个资源布局的期望花费最小。

考虑将资源布局按照地震发生的情景划分为三个阶段，分别表示地震发生之前，地震刚发生时和地震发生一段时间之后的情况。定义情景：

$$\xi = (\xi_1, \xi_2, \xi_3)$$

概率空间为（Ξ，P），并且假定 ξ_1 为已知的情景。ξ_2，ξ_3 分别代表第二阶段和第三阶段的两个随机事件，即震源的位置、震级的大小和每个灾区的需求量。如图 4－1 所示，假设表示情景 ξ 的集合为有限个，其支持集合为：

$$\Xi = (\xi^1, \xi^2, \cdots, \xi^n)$$

相应的发生概率为：

$$(p^1, p^2, \cdots, p^n)$$

令：

$$\xi^l = (\xi_1^l, \xi_2^l, \xi_3^l)$$

则 ξ_i^l（$i=1$，2，3）表示第 l 个情景的第 i 个阶段的随机事件。

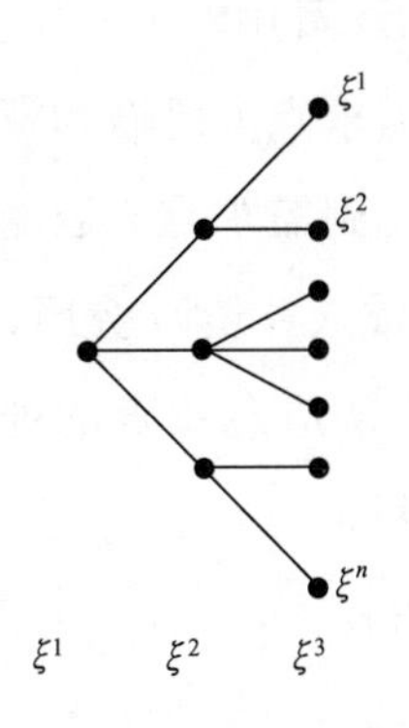

图 4－1　情景分析描述

4.2 基于情景分析的随机规划资源配置模型

相关参数定义如下：

M——应急物资集合；

I——需求点集合；

o——中心仓库；

J（ξ_2）——情景 ξ 下第二阶段随机事件发生后的临时候选中心；

d_{mi}（ξ_3）——情景 ξ 下第三阶段随机事件在需求点 i 对应急物资 m 的需求量；

e_m——第一阶段存储应急物资 m 的单位费用；

f_m——第二阶段的随机事件发生时筹集的应急物资 m 的单位费用；

c_j——临时候选中心的建设费用；

t_{mio}——从中心仓库 o 到需求点 i 运输物资 m 的交通费用；

t_{mij}——从临时候选仓库 j 到需求点 i 运输物资 m 的交通费用；

p_m——物资 m 的单位租赁（补偿）费用；

q_m——对于未使用的剩余的应急物资的处置（惩罚）费用；

v_m——物资 m 的单位体积；

V_o——中心仓库 o 的体积；

ε——一个非常小的实数；

Γ——一个非常大的实数。

决策变量为：

x_{mo}——存储在中心仓库 o 的应急物资 m 的量；

x_{mj}——在临时供应中心 j 存储的物资 m 的数量；

X_j——若临时供应中心 j 被选址，则为 1，否则，为 0；

y_{mio}——当第三阶段随机事件实现后，从中心仓库 o 运往灾区 i 的应急

物资 m 的数量；

y_{mij}——当第三阶段随机事件实现后，从临时供应中心 j 运往灾区 i 的应急物资 m 的数量；

r_{mi}——供应点对应急物资 m 的短缺（补偿）的数量；

s_{mo}——中心仓库 o 剩余的物资 m 的数量（惩罚量）；

s_{mj}——临时供应中心 j 剩余的物资 m 的数量（惩罚量）。

由此，建立模型 P 如下：

$$\min \sum_{m \in M} e_m x_{mo} + E_{\xi_2} Q_1(x_{mo}, \xi_2) \tag{4-1}$$

$$Q_1(x_{mo}, \xi_2) = \min_{X_j, x_{mj}} \sum_{j \in J(\xi_2)} X_j c_j + \sum_{m \in M} \sum_{j \in J(\xi_2)} x_{mj} f_m + E_{\xi_3 | \xi_2} [Q_2(x_{mo}, X_j, x_{mj}, d_{mj}(\xi_3))] \tag{4-1'}$$

$$\text{s. t.} \quad \sum_{m \in M} v_m x_{mo} \leqslant V_o \tag{4-2}$$

$$\varepsilon X_j \leqslant \sum_{m \in M} x_{mo} \leqslant \Gamma X_j \tag{4-3}$$

$$X_j \in \{0, 1\} \quad \forall j \tag{4-4}$$

$$x_{mo}, x_{mj} \in \{0, 1, 2, \cdots\} \quad \forall m, j \tag{4-5}$$

而：

$$Q_2(x_{mo}, X_j, x_{mj}, d_{mj}(\xi_3)) = \min_{y, r, s} TC + RC + SC \tag{4-1''}$$

$$\text{s. t.} \quad TC = \sum_{m \in M} \sum_{i \in I} [t_{mio} y_{mio} + \sum_{j \in J(\xi_2)} t_{mij} y_{mij}] \tag{4-6}$$

$$RC = \sum_{m \in M} \sum_{i \in I} p_m r_{mi} \tag{4-7}$$

$$SC = \sum_{m \in M} q_m [s_{mo} + \sum_{j \in J(\xi_2)} s_{mj}] \tag{4-8}$$

$$r_{mi} + y_{mio} + \sum_{j \in J(\xi_2)} y_{mij} \geqslant d_{mj}(\xi_3) \quad \forall m, i \tag{4-9}$$

$$s_{mo} + \sum_{i \in I} y_{mio} = x_{mo} \quad \forall m \tag{4-10}$$

$$s_{mj} + \sum_{i \in I} y_{mij} = x_{mj} \quad \forall m, j \tag{4-11}$$

$$r_{mi}, y_{mio}, y_{mij}, s_{mo}, s_{mj} \in \{0, 1, 2, \cdots\} \quad \forall m, i, j \tag{4-12}$$

模型 P 是一个多阶段随机规划模型，更确切地说，是一个三阶段的随机整数规划模型。目标函数（4－1）由三部分组成：中心仓库配置资源的费用，第二阶段的临时供应中心选址和配置的费用（4－1′），第三阶段对于未满足的需求的补偿费用和剩余物资的处置费用（4－1″）。

约束（4－2）描述中心仓库的体积限制；（4－3）表示只有临时供应中心选址，才能为其配置资源；（4－6）表示从各个供应中心运往灾区的运输费用，（4－7）表示当供应量不足时，利用其他渠道筹集的物资的费用；（4－8）表示当需求点物资有剩余时，物资的处置费用；（4－9）表示每个需求点 i 对物资 m 的需求量应该尽量满足；（4－10）、（4－11）分别描述了中心仓库和临时候选中心的应急物资总量限制。约束（4－4）、（4－5）、（4－12）是变量的整型约束。

从模型中可以看到，虽然是解决某个应急供应中心的应急资源配置问题，但是，模型中也考虑到了灾害发生后的临时供应中心的选址和社会资源的筹集，以及向灾害发生地区进行应急资源的配送工作。

4.3 求解算法

4.3.1 情景分解和 Lagrangean 对偶问题

当情景为有限个实现值时，模型 P 的确定性等价模型 P' 为：

$$z=\min \sum_{l=1}^{n} p^{l}\Big[\sum_{m\in M} x_{mo}(\xi^{l})\, e_m+\sum_{j\in J(\xi^{l})} X_j(\xi^{l})\, c_j+$$

$$\sum_{m\in M}\sum_{j\in J(\xi^{l})} x_{mj}(\xi^{l})\, f_m+TC(\xi^{l})+RC(\xi^{l})+SC(\xi^{l})\Big]$$

$$\text{s.t.}\quad \sum_{m\in M} v_m x_{mo}(\xi^{l})\leqslant V_o$$

$$\varepsilon X_j(\xi^{l})\leqslant \sum_{m\in M} v_m x_{mo}(\xi^{l})\leqslant \Gamma X_j(\xi^{l})$$

$$r_{mi}(\xi^{l})+y_{mio}(\xi^{l})+\sum_{j\in J(\xi_l)} y_{mij}(\xi^{l})\geqslant d_{mj}(\xi^{l})\qquad \forall m,\ i$$

$$s_{mo}(\xi^l)+\sum_{i\in I}y_{mio}(\xi^l)=x_{mo}(\xi^l) \quad \forall m \tag{4-13}$$

$$s_{mj}(\xi^l)+\sum_{i\in I}y_{mij}(\xi^l)=x_{mj}(\xi^l) \quad \forall m,\ j$$

$$X_j(\xi^l)\in\{0,\ 1\} \quad \forall j$$

$$x_{mo}(\xi^l),\ x_{mj}(\xi^l),\ r_{mi}(\xi^l),\ y_{mio}(\xi^l)$$

$y_{mij}(\xi^l)$，$s_{mo}(\xi^l)$，$s_{mj}(\xi^l)\in\{0,\ 1,\ 2,\ \cdots\}$　$\forall m,\ j,\ l=1,\ 2,\ \cdots,n$

非预期约束：

$$x_{mo}(\xi^1)=x_{mo}(\xi^2)=\cdots=x_{mo}(\xi^n) \tag{4-14}$$

$$X_j(\xi^{l_1})=X_j(\xi^{l_2}),\ 且\ x_{mj}(\xi^{l_1})=x_{mj}(\xi^{l_2})$$

如果 $J(\xi^{l_1})=J(\xi^{l_2})$，在式（4－14）中，非预期约束是情景中具有共同历史的描述，即若在某个阶段两个情景发生了相同的随机事件，则在这个阶段之前具有相同的决策。分析等价形式 P'，这是一个规模很大的随机整数线性规划模型。求解起来比较困难，尤其是当引入的情景比较多时。分析发现，除了非预期约束（4－14）外，其余的约束条件可以按照情景分解。因此考虑松弛（4－14）。

记情景 ξ^l 对应的决策变量为：

$$x^l=(x_{mo}(\xi^l),\ X_j(\xi^l),\ x_{mj}(\xi^l),\ y(\xi^l),\ r(\xi^l),\ s(\xi^l))^{\mathrm{T}}$$

$x=(x^{1\mathrm{T}},\ x^{2\mathrm{T}},\ \cdots,\ x^{n\mathrm{T}})^{\mathrm{T}}$ 为决策变量。因此，非预期约束（4－14）可以表示为：

$$\sum_{l=1}^{n}H^l x^l=0$$

式中：

$$H=(H^1,\ H^2,\ \cdots,\ H^n)$$

为非预期约束（4－14）的系数矩阵。这里 $H^l\in R^{k\times n(|m|+|J|+|m|\times|J|)}$，是与 x^l 对应的系数矩阵，$H\in R^{k\times n(|m|+|J|+|m|\times|J|)}$，$k$ 为非预期约束的个数。例如，就式（4－14）中的第一个约束而言，写成矩阵的形式可以为：

$$\begin{bmatrix} 1 & -1 & & & \\ & 1 & -1 & & \\ & & \cdots & & \\ & & & 1 & -1 \end{bmatrix} \begin{bmatrix} x_{mo}(\xi^1) \\ x_{mo}(\xi^2) \\ \vdots \\ x_{mo}(\xi^n) \end{bmatrix} = 0$$

将第二个约束加入上述矩阵中，就会得到系数矩阵 H。令 S^l，$l=1$，2，…，n 为 P'中约束集合，则有：

$$\begin{aligned}
&\sum_{m\in M} v_m x_{mo}(\xi^l) \leqslant V_o \\
&\varepsilon X_j(\xi^l) \leqslant \sum_{m\in M} v_m x_{mo}(\xi^l) \leqslant \Gamma X_j(\xi^l) \\
&r_{mi}(\xi^l) + y_{mio}(\xi^l) + \sum_{j\in J(\xi_l)} y_{mij}(\xi^l) \geqslant d_{mj}(\xi^l) \quad \forall m, i \\
&s_{mo}(\xi^l) + \sum_{i\in I} y_{mio}(\xi^l) = x_{mo}(\xi^l) \quad \forall m \qquad (4-15) \\
&s_{mj}(\xi^l) + \sum_{i\in I} y_{mij}(\xi^l) = x_{mj}(\xi^l) \quad \forall m, j \\
&X_j(\xi^l) \in \{0, 1\} \quad \forall j \\
&x_{mo}(\xi^l), x_{mj}(\xi^l), r_{mi}(\xi^l), y_{mio}(\xi^l) \\
&y_{mij}(\xi^l), s_{mo}(\xi^l), s_{mj}(\xi^l) \in \{0, 1, 2, \cdots\} \quad \forall m, i, j
\end{aligned}$$

除了非预期约束（4-14）之外，对情景 ξ^l 的约束集合得到关于（4-14）的 Lagrangean 松弛问题

$$D(\lambda) = \min \sum_{l=1}^{n} L_l(x^l, \lambda) \qquad (4-16)$$

$$\text{s.t.} \quad x^l \in S^l \; l=1, 2, \cdots, n$$

式中：

$$L_l(x^l, \lambda) = p^l \left(\sum_{m\in M} x_{mo}(\xi^l) e_m + \sum_{j\in J(\xi^l)} X_j(\xi^l) c_j + \sum_{m\in M} \sum_{j\in J(\xi^l)} x_{mj}(\xi^l) f_m + TC(\xi^l) + RC(\xi^l) + SC(\xi^l)\right) + \lambda^{\mathrm{T}} H^l x^l$$

λ 为 Lagrangean 乘子向量。显然，式（4-16）可以按照情景分解的方式来求解。模型 P'的 Lagrangean 对偶为：

$$Z_{LD} = \max_{\lambda} D(\lambda) \qquad (4-17)$$

定理 4.1

（1）Lagrangean 对偶问题（4－17）的最优值是模型 P'的最优值的下界。

（2）若存在某个 λ^* 对应的 Lagrangean 松弛问题（4－16）的解 x^* 满足非预期约束（4－14），那么 x^* 是模型 P'的最优解，而 λ^* 是式（4－17）的最优解。

证明：（1）设 $\bar{x}=(\bar{x}^{1\mathrm{T}},\ \bar{x}^{2\mathrm{T}},\ \cdots,\ \bar{x}^{n\mathrm{T}})^{\mathrm{T}}$ 为模型 P'的一个可行解，则 $\bar{x}^l\in S^l$，且：

$$\sum_{l=1}^{n} H^l\bar{x}^l=0$$

由 $D(\lambda)$ 的定义得：

$$D(\lambda)=\min\left\{\sum_{l=1}^{n} L_l(x^l,\ \lambda)\mid x^l\in S^l,\ l=1,\ 2,\ \cdots,\ n\right\}\leqslant$$

$$\sum_{l=1}^{n} L_l(\bar{x}^l,\ \lambda)=z(\bar{x})$$

则有：

$$Z_{LD}\leqslant z(\bar{x}^*)$$

式中，$\bar{x}^*$ 为模型 P'的最优解。

（2）若 x^* 为模型 P'的一个可行解，则：

$$Z_{LD}=\max_{\lambda} D(\lambda)\geqslant D(\lambda^*)=\sum_{l=1}^{n} L_l(x^{l*},\ \lambda^*)=z(x^*)$$

由（1）得：

$$Z_{LD}\leqslant z(x^*)$$

则有：

$$Z_{LD}=z(x^*)$$

即 x^* 是模型 P'的最优解，而 λ^* 是式（4－17）的最优解。

Lagrangean 对偶式（4－17）是非光滑凸规划，可以利用次梯度方法求解，每次迭代的关系式为：

$$\lambda_{k+1}=\lambda_k+\alpha\,\partial D(\lambda_k)$$

式中，α 为每一步迭代的步长，$\partial D(\lambda_k)$ 为次梯度。次梯度 $\partial D(\lambda)$ 表达式如下：

$$\partial D(\lambda)=\sum_{l=1}^{n}[\partial L_l(x^l,\lambda)]_\lambda$$

由于 $L_l(x^l,\lambda)$ 是关于 x^l 的线性函数，根据 Danskin 定理，有：

$$[\partial L_l(x^l,\lambda)]_\lambda=conv\{\nabla_\lambda L_l(x^l,\lambda)\}$$

式中，x^l 是 λ 固定时式（4－16）的解。

因此，由 $L_l(x^l,\lambda)$ 的表达式知，$\sum_{l=1}^{n} H^l x^l$ 是 D 的一个次梯度，而 x^1，x^2，…，x^n 是 λ 固定时，式（4－16）中每个子情景问题的最优解。

由于模型 P' 中决策变量的整型要求，求解 Lagrangean 对偶（4－17）给出模型 P' 的一个下界，而这个下界通常会比 z 小，即存在对偶间隙。因为这里不能保证非预期约束（4－14）满足。下面，给出一个求解模型 P（P'）的一个分支定界算法，该算法用一个集合 Φ 存放初始模型 P' 和每次分支产生的子模型 ϕ。每次迭代中，利用非预期约束的 Lagrangean 对偶的解作为定界步，以获得原问题的一个下界，然后，选取当前解中的某个非整数变量进行分支，并将分支后产生的子问题 ϕ 加入模型集合 Φ 中。这样，通过不断地调整下界获得原问题的最优解。

4.3.2 Lagrangean 对偶问题的分支定界算法

有了以上讨论的基础，下面给出求解模型 P 的分支定界算法：

S1——初始化：令 $\bar{z}=+\infty$，Φ 为包含初始 P' 的模型集合。

S2——终止准则：若 $\Phi=\varnothing$，则解 $\hat{x}$ 为原模型 P 的最优解。

$$\bar{z}=\sum_{m\in M} e_m\hat{x}_{mo}+E_{\xi_2}Q_1(\hat{x}_{mo},\xi_2)$$

此解达到最优。

S3——选取子问题：从 Φ 中选取一个子模型 ϕ，并将其从 Φ 中删除。求解其对应的 Lagrangean 对偶问题，产生的最优解记为：

$$x=(x^{1\mathrm{T}},x^{2\mathrm{T}},\cdots,x^{n\mathrm{T}})^{\mathrm{T}}$$

最优值记为：

$$Z_{LD}=Z_{LD}(\phi)$$

若 ϕ 不可行（$Z_{LD}=+\infty$），则转 S2。

S4——定界：若 Z_{LD}（ϕ）$\geqslant \bar{z}$，转 S2；否则，执行下列步骤。

（1）约束（4-14）成立时，令：

$$\bar{z}=\min\left\{\bar{z},\ \sum_{m\in M} e_m x_{mo}+E_{\xi_2} Q_1(x_{mo},\ \xi_2)\right\}$$

从 Φ 中删除所有满足 Z_{LD}（ϕ'）$\geqslant \bar{z}$ 的子模型 ϕ'，转 S2。

（2）约束（4-14）不成立时，利用某种启发式方法计算 $\bar{x}$ 的平均值，并将其取整，得到 $\bar{x}^R$。

若 $\bar{x}^R$ 可行，则令：

$$\bar{z}=\min\left\{\bar{z},\ \sum_{m\in M} e_m \bar{x}_{mo}^R+E_{\xi_2} Q_1(\bar{x}_{mo}^R,\ \xi_2)\right\}$$

从 Φ 中删除所有满足 Z_{LD}（ϕ'）$\geqslant \bar{z}$ 的子模型 ϕ'，转 S5。

S5——分支：对问题 ϕ 选取当前解 x 的一个不符合整数要求的变量 x_i 进行分支。并将约束 $x_i \leqslant |\bar{x}_i|$，$x_i \geqslant |\bar{x}_i|+1$ 分别加入问题 ϕ 形成两个后继问题，将这两个问题加入 Φ 中，转 S2。

注：（1）步骤 S4（2）目的是满足寻找非预期约束的可行解。判断条件：

$$Z_{LD}(\phi) \geqslant \bar{z}$$

这是为了将 Φ 中一些不必要的子模型删除，从而加速分支定界的速度。

（2）步骤 S4（2）中可以利用如下方法计算 $\bar{x}$ 的平均值：

$$\bar{x}=\sum_{l=1}^{n} p^l \bar{x}^l$$

式中，$\bar{x}^l$ 为当前子问题 ϕ 的 Lagrangean 对偶问题在最优解 λ^* 处对应的第 l 个情景的解。

4.4 算例应用

算例考虑我国某省应对地震灾害的资源布局问题，该省位于几个地震带上，属于地震多发地区。如图 4－2 所示，其中双圆圈代表 11 个需求点，蓝色的方块代表 7 个临时候选供应点，而中间黑色的圆圈 7 位于该省的行政中心，即代表中心仓库所在地址。

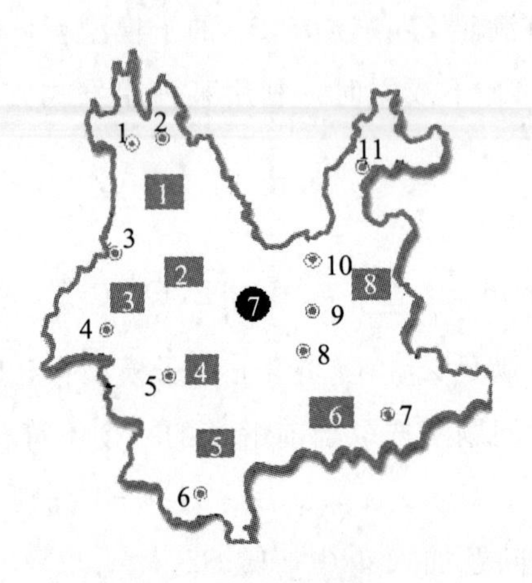

图 4－2 算例图示

假设共有 9 种地震的情景，即第二阶段的随机事件有三种情况，其发生的概率分别为 0.3，0.5，0.2。当第二阶段随机事件确定后，其对应的第三阶段的随机事件又有三种可能性。对第三个阶段的随机事件发生的概率，利用计算机随机产生，假设其服从均匀分布。而在每个情景下每个需求点量则根据该地区的人口密度，建筑物结构，地震的破坏情况等统计数据给出。其他的相关数据由表 4－1 给出。

表 4－1　　物资配置相关参数

物资类型	e_m	f_m	p_m	q_m	v_m	中心仓库的体积（m^3）	临时候选供应中心建设费用（万元）
A	37	57	80	37	12	16800	370
B	39	59	80	39	24		

给出上面实例的参数值设置后，利用 Matlab2007a 编程，得到中心仓

库的两种物资 A 和 B 的配置量分别为 713 和 1400。针对每个情景下的应急资源的布局结果如表 4-2 所示。

表 4-2　　　　临时仓库布局结果

临时供应中心	J（1）	J（2）	J（3）
1	（109，243）	（231，461）	0
2	0	0	0
3	0	（425，876）	0
4	0	0	0
5	（76，152）	（127，255）	0
6	0	0	0
8	0	0	0

表 4-2 括号中的数字表示在对应的临时供应中心配置的两类物资的数量。0 表示不在该处选址。由表 4-2 可以看出，在第二阶段的三个随机事件实现的情况下，前两种情况会有对临时仓库进行布局，因为前两种情况需求点的需求量比较大，特别是在第二种情形下可以看到，临时候选中心 1、3、5 均配置了应急资源。而第三种情形下不需要设立临时供应中心，但是这不说明中心仓库的供应已经能够满足所有灾区的应急物资需求。因为当第三个阶段的具体的需求确定后，某些未满足的需求点不是由临时供应中心供应，而是由其他渠道进行补偿，即 r 的取值来决定，例如在试验结果中，J（3）对应的第三阶段的最后一个情景中有 r_{11}（ξ^9）$=81$，r_{21}（ξ^9）$=162$，这说明在第 9 个情景中，对需求点 1 的两种物资的补偿量分别为 81 和 162。

为了做进一步的比较，很自然地可以将本模型的使用方法和一些确定性的方法进行比较，如 Wait-and-See 方法。假定将来实现的信息可以很好地预知，每一个情景的方案都可以独立地进行优化，则可以计算所有情景的最优解，从而算出 Wait-and-See 方法在平均意义下的最优值，因为求解

WS 模型不需要利用非预期约束，这样可以不必麻烦地松弛非预期约束，我们记为 C_{ws}（见表 4－3）。本模型中求得的解，记为 x^p。

表 4－3　　所有候选解的比较统计

	第一阶段费用	第二阶段费用	第三阶段费用
C_{ws}	318704	160945	1577590
C_p	324580.6	189465.3	135115.3
C_r	348946	193409	155537

同时，我们将要利用一些现存的数据，例如，已经有的应急物资配置的方案带入模型中，计算出整个配置目标函数的值。我们记得到的解分别为 C_{ws}、C_p、C_r。

从表 4－3 中明显可以看出随机优化的解要比 WS 解差一些，因为 WS 解是利用了所有信息后得出的，而现存的配置费用要大于随机优化的解，这反映出我们的方法要优于现存的资源配置方案。

4.5 小结

本章以情景分析为基础，建立多阶段随机规划模型，解决了某个地区中心仓库的资源配置问题。在求解模型时，按照情景分解的方式求解原模型的 Lagrangean 对偶问题，并采用分支定界方法求解原模型。试验结果证实了模型和算法的有效性。模型中，一个主要的假设是不确定参数的分布已知。本章中的不确定参数需要利用情景分析的方法确定其分布。如何针对不同的突发事件选择合适的应急资源配置模型，需要决策者根据实际需要选择合适的方法。而且当不确定参数的量比较多时，如道路破坏产生的运输时间等，需要的决策模型会更加复杂，需要更加深入的研究。

5 应急资源配置的鲁棒优化方法研究

上一章研究了基于情景分析的应急资源配置模型，根据突发事件发生的时间、地点，以及灾区的需求服从一定概率分布的假设，采用了情景分析的方法，确定每种情景发生的概率。并且针对未满足的需求，采用补偿行为或者惩罚函数进行处理。但是，如果是不确定数据的分布，利用随机优化的方法显然是不可能的。当只知道突发事件的需求量的变动比较大时，会出现极端情况，针对应急资源配置的研究就需要利用新的方法。鲁棒优化就是解决不确定性数据的分布难以刻画及无法利用随机方法解决问题的一种有效的处理方法。

从上一章的研究中可以看出，应急选址问题确定后进行应急资源配置时，需要考虑不同问题的配置的特点。具体说来，主要有以下两方面。

一方面，应急资源的配置必须考虑可能发生的地点、时间、预计的需求量、影响因素等多个因素，从而根据这些因素合理地进行资源的配置。针对常规突发事件的资源配置只是根据需求量的估计、需求人数的多少和权重来确定，而且一般来讲这些因素是比较稳定的，例如对消防站的资源配置，一般只需要考虑到应急消防站的最大覆盖问题，其需求量一般都能够满足。但是，非常规突发事件却常常是小概率事件，对资源量也有较大的需求，对其进行资源配置时就要考虑不确定性的需求。

另一方面，在应对突发事件的应急资源配置情况时，必须考虑到突发事件的潜在发生情况以及突发事件发生后的处置调度过程。配置给一个灾区的资源量不仅要考虑到整个灾区内的资源需求，还应考虑到由于需求未满足而造成的损失。这时的资源配置问题就应涉及到当突发事件发生时的调度处置过程。这是因为针对突发事件的应急资源管理不同于一般情况下的资源管理，当潜在的地点突发事件一旦发生，如果不及时处置，会产生次生、衍生灾害，后果将不堪设想，只有平时在配置资源时对潜在需求预先有所准备和安排，才能做到从容应对，不会出现顾此失彼的现象。

本章将建立一个针对突发事件需求变动的应急资源配置的两阶段决策模型，也考虑了上述应急资源配置的特点。对应急资源的需求在一个范围内变动的情况进行考虑。并利用鲁棒优化的思想将最坏的情况考虑进去。作为一种处理极端情况的数学方法，鲁棒优化很好地处理了最坏情况下的决策问题。如何将其引进到应急管理中来，本章将做试探性的研究。

5.1 应急资源配置的二阶段模型

本章仍然以地震为背景，针对某地区建立应对地震突发事件的应急资源布局体系，由于该地区处于地震带上，根据灾害发生的不同情形，包括发生的地点、级别、规模等情况均有所不同，使每个灾区的需求量成为不确定数据。但是，假设其概率分布不明确，只能根据该地区的地质特点、行政划分、人口密度、可能发生的地震情况得到需求的某个区间。

假设应急物资供应中心的地址已经选好，待配置的应急物资种类已经确定。需要确定的是每个所选地址配置应急救援物资的数量，以便能够有效应对地震突发事件。因此，针对需求不确定的条件建立应急资源配置的模型。

考虑某个地区针对突发事件的应急资源配置问题，将该地区划分为 $|I|$ 个子区域，每个子区域 i（$i\in I$）可以按照行政区域进行划分，当灾害发生时，共有 $|I|$ 个灾区；拟在该地区设立 $|J|$ 个应急物资供应中心，其选址已经事先确定，每个中心 j（$j\in J$）存储 $|M|$ 种应急物资。

当发生大规模的突发事件时，应急供应中心为该地区的 $|I|$ 个子区域提供应急物资救助。因此，模型相关参数设置如下：

c_{mj}——应急物资供应中心 j 配置的物资 m 的单位价格；

t_{mij}——灾害发生时，将应急物资 m 从应急物资供应中心 j 运往灾区 i 的单位运输费用；

s_{mi}——灾区 i 对应急物资 m 的需求未得到满足时，进行补偿的价格；

C——计划配置的总投入；

d_{mi}——灾区 i 对物资 m 的需求量；

决策变量为：

x_{mj}——应急物资供应中心 j 配置的物资 m 的数量；

y_{mij}——灾害发生时，从应急物资供应中心 j 运往灾区 i 的应急物资 m 的数量；

z_{mi}——灾区 i 的需求未得到满足时，进行补偿的应急物资 m 的数量。

则应急资源配置问题（Emergency Resource Allocation）的模型 ERA 如下：

$$
\begin{aligned}
Z_{\mathrm{ERA}} = & \min_{X,Y,Z} f(X, Y, Z, d) \\
\text{s. t.} \quad & \sum_{j\in J}\sum_{m\in M} c_{mj}x_{mj} \leqslant C \\
& \sum_{i\in I} y_{mij} \leqslant x_{mj} \quad \forall m, j \\
& \sum_{j\in J} y_{mij} + z_{mi} \geqslant d_{mi} \quad \forall m, i \\
& x_{mj}, y_{mij}, z_{mi} \geqslant 0 \quad \forall m, i, j
\end{aligned}
$$

式中：

$$
f(X, Y, Z, d) = \sum_{j\in J}\sum_{m\in M} c_{mj}x_{mj} + \sum_{i\in I}\sum_{j\in J}\sum_{m\in M} t_{mij}y_{mij} + \sum_{i\in I}\sum_{m\in M} s_{mi}z_{mi}
$$

目标函数为资源配置的经济代价，由两个阶段的费用组成：第一阶段为应急供应中心配置的应急资源的投入费用，第二个阶段的费用为灾害发生后应急资源的调度费用与未满足的应急资源的补偿费用。决策变量（x_{mj}，y_{mij}，z_{mi}），$\forall m, i, j$ 的集合记作（X，Y，Z），其中 X 为主要决策变量，（Y，Z）为辅助决策变量。

第一个约束为资源配置的预算要求；第二个约束表示从应急供应中心 j 运出的物资 m 不能超过其配置的物资 m 的总量；第三个约束表示每个灾区 i 对应急物资 m 的需求量应该尽量满足，对于未满足的物资 m，引入补偿策略，策略的代价即目标函数的最后一项，可以认为是未满足的需求所造成的经济损失；最后一个约束保证配置量、运输量以及补偿量为正数。

当发生突发事件时，灾区的需求 d_{mi} 是不确定的。当不确定数据 d_{mi} 的概率分布为已知时，模型 ERA 为如下二阶段随机决策问题：

$$\min_{X}\sum_{j\in J}\sum_{m\in M}c_{mj}x_{mj}+E_{\omega}Q(X,\ d(\omega))$$

$$\text{s.t.}\quad \sum_{j\in J}\sum_{m\in M}c_{mj}x_{mj}\leqslant C$$

$$x_{mj}\geqslant 0\quad \forall m,\ j$$

对某个随机事件 $\omega\in\Omega$，则有：

$$Q(X,\ d(\omega))=\min_{Y,Z}\sum_{i\in I}\sum_{j\in J}\sum_{m\in M}t_{mij}y_{mij}+\sum_{i\in I}\sum_{m\in M}s_{mi}z_{mi}$$

$$\text{s.t.}\quad \sum_{i\in I}y_{mij}\leqslant x_{mj}\quad \forall m,\ j$$

$$\sum_{j\in J}y_{mij}+z_{mi}\geqslant d_{mi}(\omega)\quad \forall m,\ i$$

$$y_{mij},\ z_{mi}\geqslant 0\quad \forall m,\ i,\ j$$

第一个阶段为资源配置过程，第二阶段为灾害发生后的资源配送过程，因此，可以利用上一章讲述的随机规划方法求解。但是，作为本模型的不确定性需求是一个关键的参数，利用随机优化方法不能够考虑极端情形下的资源配置情况，特别是当应急资源的需求分布信息难以有效估计时，利用随机规划方法解决会遇到困难。鲁棒分析是为了使决策者对任何可能出现的情景都有所考虑而提出的一种理论框架。不同的准则适用于不同的决策。

5.2 利用鲁棒优化方法求解 ERA

鲁棒优化是不确定优化研究中的一个新的研究主题，源自鲁棒控制，应用领域非常广泛。鲁棒优化作为一个含有不确定输入的优化问题的建模方法，是随机规划和灵敏度分析的补充替换，其目的是寻求一个对于不确定输入的所有实现都能有良好性能的解，当它面向最坏情况时，代表一个保守的观点。与其他不确定优化问题的处理方法不同的是，它更加适用于如下情况：第一，不确定优化问题的参数需要估计，但是有估计风险；第二，优化模型中不确定参数的任何实现都要满足约束函数；第三，目标函数或者优化解对于优化模型的参数扰动非常敏感；第四，决策者不能承担低概率事件发生后所带来的巨大风险。

应急管理中的突发事件，绝大部分都是低概率、高风险的事件，造成的后果非常严重。显然，利用鲁棒优化做出相关的决策可以避免承担这种低概率事件带来的巨大风险。

考虑如下不确定优化问题：

$$\min_{X,Y,Z} f(X, Y, Z, d)$$
$$\text{s.t.} \quad g(X, Y, Z, d) \leqslant 0 \qquad (5-1)$$

不确定参数 d 属于一个闭凸的不确定集合 $d \in D$。这里取变量 X，Y，Z 是为了与本章模型中的决策变量相对应，其中 Y，Z 是第二阶段的决策变量。令：

$$F(D) = \{(X, Y, Z) \mid g(X, Y, Z, d) \leqslant 0\}$$

当把三个变量视为同等地位时，我们知道，与式（5-1）对应的鲁棒优化准则有三种定义。

绝对鲁棒准则：

$$\min_{(X,Y,Z) \in F(D)} \max_{d \in D} f(X, Y, Z, d)$$

鲁棒偏差准则：

$$\min_{(X,Y,Z)\in F(D)} \max_{d\in D} (f(X, Y, Z, d) - f(X^d, Y^d, Z^d, d))$$

相对鲁棒准则：

$$\min_{(X,Y,Z)\in F(D)} \max_{d\in D} \frac{f(X, Y, Z, d) - f(X^d, Y^d, Z^d, d)}{f(X^d, Y^d, Z^d, d)}$$

其中，$f(X^d, Y^d, Z^d, d)$ 为不确定性参数取值为 d 时的最优决策。

在具体的决策情形下，三种准则都可以应用到。绝对鲁棒准则是趋于保守的准则，主要关注如何针对最坏情况做出决策。鲁棒偏差准则和相对鲁棒准则的保守性则比绝对鲁棒准则弱一些，它们试图寻找改进的机会，将不确定性作为机会去探索，而不是作为风险去规避。

从本章的模型角度考虑，绝对鲁棒准则比较合理，因为针对突发事件需要考虑各种情况下的应急资源配置问题，特别是极端情况下的风险应该尽量避免。而且从计算的角度来说，绝对鲁棒准则是最容易求解的，因为不需要求解针对每个不确定参数的最优决策。而其他两个准则需要考虑额外的计算量。

在针对绝对鲁棒优化准则的计算方法处理上面，Ben-Tal 和 Nemirovski 以及 El-Ghaoui 等人做出了开创性的工作。Ben-Tal 所提出的鲁棒优化框架是以凸优化理论为基础的，不确定参数集要求为内点非空的有界闭凸集，一般由闭区间或者椭球体以及它们的交集表达。[47,48]采用这种表达方式的原因有两点。首先，从数学的观点看，椭球体不仅易于表达，而且还容易数字化处理。其次，对于许多随机的不确定数据可以用这种方式表达。最关键的一点是可以对鲁棒优化模型进行推导，得到其鲁棒对应式，将初始的不确定优化问难转化成基于凸优化理论的确定性优化问题。

El-Ghaoui 等人对鲁棒优化的研究是从鲁棒控制理论中的鲁棒分析得到启发，通过矩阵值函数的线性分式表示对鲁棒优化理论进行分析，研究了不确定最小二乘和不确定半定规划问题。在不确定半定规划问题上考虑了不确定集合数据间非线性相关的情况，将其理论成果作为 Ben-Tal 等人的一个补充。[48]

5.2.1 不确定参数优化问题的可调整鲁棒优化方法

随着鲁棒优化理论研究的深入，2004 年 Ben-Tal 等人提出了可调整鲁棒优化的概念，认为其可以处理不确定动态决策问题，在考虑多阶段不确定线性规划问题时，认为有些变量始终是不确定的，即不可调整的；而有些变量在问题的求解过程中由原来的不确定转变为可选择的，即可调整变量，可调整鲁棒优化将鲁棒优化从静态优化向动态优化进行了延伸。

采用绝对鲁棒准则，根据 Ben-Tal 的定义，式（5－1）式可以写为下列鲁棒对应问题（RC）

$$Z_{RC}=\min_{X,\mu}\mu$$

$$\text{s.t. } \exists\ (Y,\ Z),\ \forall d\in D\begin{cases} f\ (X,\ Y,\ Z,\ d)\leqslant\mu \\ g\ (X,\ Y,\ Z,\ d)\leqslant 0 \end{cases}$$

其中，X，Y，Z 为处于同等地位的决策变量，求解 RC 与原问题具有相同的复杂度。但是，式（5－1）式的决策变量（Y，Z）为第二阶段的决策变量。

显然，上述 RC 的定义过于保守，不能够很好地反映第二阶段的决策变量的地位。因此，引入了调整鲁棒对应问题（ARC）。

$$Z_{ARC}=\min_{X,\gamma}\gamma$$

$$\text{s.t. } \forall d\in D,\ \exists\ (Y,\ Z)\begin{cases} f\ (X,\ Y,\ Z,\ d)\leqslant\gamma \\ g\ (X,\ Y,\ Z,\ d)\leqslant 0 \end{cases}$$

但是当不确定集合为多面体时，上述 ARC 为 NP—hard 问题。因此，通过限制第二阶段的决策变量为不确定参数的函数，即令：

$$Y=Wd+w,\ Z=Vd+v$$

求解 ARC 的逼近问题 AARC，得到：

$$Z_{AARC}=\min_{X,\gamma,W,w,U,u}\gamma$$

$$\text{s.t. } \forall d\in D\begin{cases} f\ (X,\ Wd+w,\ Vd+v,\ d)\leqslant\gamma \\ g\ (X,\ Wd+w,\ Vd+v,\ d)\leqslant 0 \end{cases}$$

这样，Z_{AARC}成为普通的鲁棒对应问题，可以处理成容易求解的问题。

$$F_{RC}(X, Y, Z) \subseteq F_{AARC}(X, Y, Z) \subseteq F_{ARC}(X, Y, Z)$$

其中，$F_{ARC}(X, Y, Z)$ 为 ARC 的可行域，因此有：

$$Z_{ARC} \leqslant Z_{AARC} \leqslant Z_{RC}$$

2003 年，Bertsimas 和 Sim 在 Ben-Tal 等人研究的基础上，提出了新的鲁棒优化框架，根据不确定参数集的不同选择，得到了不同的鲁棒对应式，将研究的重点放在了鲁棒对应式继承初始不确定优化问题的计算复杂度上，并形成了自己的研究体系。对每个不确定的约束引入控制系数变化范围的参数，调节鲁棒解的保守性。[49] Bertsimas 和 Sim 的鲁棒优化研究框架涵盖了不确定连续优化和离散优化，其所建的优化模型的鲁棒对应式转化为确定性优化问题的思路比较独特，最主要的特点是这种转化不增加问题求解的复杂度，使该理论更容易应用到实际问题中，具有良好的发展前景。本书在求解鲁棒可调整问题时用到了引入控制参数，从而调整解的保守性的思想。

5.2.2 应急资源布局问题的可调整鲁棒对应问题（ARC—ERA）

根据 5.2.1 节中的描述，得到模型：

$$
\begin{aligned}
Z_{ERA} = \min_{X,Y,Z} f(X, Y, Z, d) = \sum_{j\in J}\sum_{m\in M} c_{mj}x_{mj} + \sum_{i\in I}\sum_{j\in J}\sum_{m\in M} t_{mij}y_{mij} + \sum_{i\in I}\sum_{m\in M} s_{mi}z_{mi} \\
\text{s. t.} \quad \sum_{j\in J}\sum_{m\in M} c_{mj}x_{mj} \leqslant C \\
\sum_{i\in I} y_{mij} \leqslant x_{mj} \quad \forall m, j \\
\sum_{j\in J} y_{mij} + z_{mi} \geqslant d_{mi} \quad \forall m, i \\
x_{mj}, y_{mij}, z_{mi} \geqslant 0 \quad \forall m, i, j
\end{aligned}
\tag{5-2}
$$

此模型的可调整鲁棒对应问题为 ARC—ERA：

$$
\begin{aligned}
Z_{ARC-ERC} = \min_{X,\gamma} \sum_{j\in J}\sum_{m\in M} c_{mj}x_{mj} + \gamma \\
\text{s. t.} \quad \sum_{j\in J}\sum_{m\in M} c_{mj}x_{mj} \leqslant C \\
x_{mj} \geqslant 0 \quad \forall m, j
\end{aligned}
\tag{5-3}
$$

$$\forall d_{mi}\in D_{mi}\ \exists\ (Y,Z)\begin{cases}\sum_{i\in I}\sum_{m\in M}\left(\sum_{j\in J}t_{mij}y_{mij}+s_{mi}z_{mi}\right)\leqslant\gamma\\ \sum_{i\in I}y_{mij}\leqslant x_{mj}\quad \forall m,j\\ \sum_{j\in J}y_{mij}+z_{mi}\geqslant d_{mi}\quad \forall m,i\\ y_{mij},\ z_{mi}\geqslant 0\quad \forall m,i,j\end{cases}$$

ARC—ERA 为 NP—hard 问题，不易处理。考虑求解 ARC—ERA 的逼近问题。令：

$$\begin{cases}y_{mij}=\pi_{mij}d_{mi}\\ z_{mi}=\pi_{mi}d_{mi}\end{cases}\quad \forall m,i,j \tag{5-4}$$

这里，π_{mij}，π_{mi}，$\forall m,i,j$ 是新的不可调整变量，式（5-4）表明第二阶段的决策变量为需求的线性函数，这在实际中也是合理的。将式(5-4)代入式（5-3）中，得到如下鲁棒对应问题。

AARC—ERA：

$$Z_{\text{AARC-ERC}}=\min_{X,\pi,\gamma}\sum_{j\in J}\sum_{m\in M}c_{mj}x_{mj}+\gamma$$

$$\text{s.t.}\quad \sum_{i\in I}\sum_{m\in M}d_{mi}\left(\sum_{j\in J}t_{mij}\pi_{mij}+s_{mi}\pi_{mi}\right)\leqslant\gamma\quad \forall d_{mi}\in D_{mi} \tag{5-5}$$

$$\sum_{i\in I}d_{mi}\pi_{mij}\leqslant x_{mj}\quad \forall m,j,\ d_{mi}\in D_{mi} \tag{5-6}$$

$$\sum_{j\in J}\sum_{m\in M}c_{mj}x_{mj}\leqslant C$$

$$\sum_{j\in J}\pi_{mij}+\pi_{mi}\geqslant 1\quad \forall m,i$$

$$\pi_{mij},\ \pi_{mi},\ x_{mj}\geqslant 0\quad \forall m,i,j$$

通过上述转化，模型 AARC—ERA 即成为普通的鲁棒对应问题，从而容易求解。

5.2.3 求解应急资源配置模型 AARC—ERA

当发生突发事件时，各个需求点对应急物资的需求量变化比较大，可能产生一些极端值。采用区间型不确定集合，较好地符合应急物资需求的变动范围。考虑如下不确定集合

$$D_{mi}=\{d_{mi}\mid d_{mi}\in(d_{mi}^0-\hat{d}_{mi},\ d_{mi}^0+\hat{d}_{mi})\}\quad \forall m\in M,\ i\in I$$

即每个灾区 i 对应急物资 m 的需求量 d_{mi} 在对称区间（$d_{mi}^0-\hat{d}_{mi}$，$d_{mi}^0+\hat{d}_{mi}$）内取值，d_{mi}^0 为平均需求，可以根据该灾区的人口密度和经济发展水平等条件确定。

模型 AARC—ERA 是一个普通的鲁棒对应问题。当不确定集合为区间时，求解模型 AARC—ERA，只需将约束（5-5）、（5-6）两式左边分别取最大值，即：

$$\sum_{i\in I}\sum_{m\in M}(d_{mi}^0+\hat{d}_{mi})(\sum_{j\in J}t_{mij}\pi_{mij}+s_{mi}\pi_{mi})\leqslant\gamma\quad\forall d_{mi}\in D_{mi}\tag{5-7}$$

$$\sum_{i\in I}(d_{mi}^0+\hat{d}_{mi})\pi_{mij}\leqslant x_{mj}\quad\forall m,\ j,\ d_{mi}\in D_{mi}\tag{5-8}$$

这样模型 AARC—ERA 成为普通的线性规划问题，但是，这样求解过于保守。因此，在求解模型 AARC—ERA 时，不再利用上面的方法，而是考虑利用处理不确定参数的方法。即对每个包含不确定参数的约束，引入一个参数 Γ，Γ 不一定是整数，每个约束中至多有 $\lfloor\Gamma\rfloor$ 个系数可以改变，还有一个系数改变为（$\Gamma-\lfloor\Gamma\rfloor$）$\hat{d}_{mi}$。$\Gamma$ 的作用是调整解的鲁棒性和最优性，从而达到调节解的保守性的作用。

针对式（5-5）、（5-6）中的每个约束，引入相应的控制参数 Γ_0，$\Gamma_0\in[0,\ J_0]$ 和 Γ_{mj}，$\Gamma_{mj}\in[0,\ J_{mj}]$，其中 $J_0=|M|\ |I|$，$J_{mj}=|I|$。则模型 AARC—ERA 变为：

$$Z'_{\text{AARC-ERC}}=\min_{X,\pi,\gamma}\sum_{j\in J}\sum_{m\in M}c_{mj}x_{mj}+\gamma$$

$$\text{s.t.}\ \sum_{i\in I}\sum_{m\in M}d_{mi}^0(\sum_{j\in J}t_{mij}\pi_{mij}+s_{mi}\pi_{mi})+$$

$$\max_{\{S_0\cup\{k_0\}\mid S_0\subseteq J_0,\ |S_0|=\lfloor\Gamma_0\rfloor,\ k_0\in J_0\setminus S_0\}}\left\{\sum_{mi\in S_0}\hat{d}_{mi}(\sum_{j\in J}t_{mij}\pi_{mij}+s_{mi}\pi_{mi})+\right.$$

$$\left.(\Gamma_0-\lfloor\Gamma_0\rfloor)\hat{d}_{k_0}(\sum_{j\in J}t_{k_0j}\pi_{k_0j}+s_{k_0}\pi_{k_0})\right\}\leqslant\gamma\quad\sum_{i\in I}d_{mi}^0\pi_{mij}+$$

$$\max_{\{S_{mj}\cup\{k_{mj}\}\mid S_{mj}\subseteq J_{mj},\ |S_{mj}|=\lfloor\Gamma_{mj}\rfloor,\ k_{mj}\in J_{mj}\setminus S_{mj}\}}\left\{\sum_{i\in S_{mj}}\hat{d}_{mi}\pi_{mij}+(\Gamma_{mj}-\lfloor\Gamma_{mj}\rfloor)\hat{d}_{ik_{mj}}\pi_{ik_{mj}}\right\}$$

$$\leqslant x_{mj}\quad\forall m,\ j$$

$$\sum_{j\in J}\sum_{m\in M}c_{mj}x_{mj}\leqslant C$$

$$\sum_{j \in J} \pi_{mij} + \pi_{mi} \geqslant 1 \quad \forall m, i \tag{5-9}$$

$$\pi_{mij}, \pi_{mi}, x_{mj} \geqslant 0 \quad \forall m, i, j$$

定理 5.1

模型（5-7）等价于下列线性规划问题，则有：

$$Z = \min_{X,\pi,\gamma,p,z} \sum_{j \in J} \sum_{m \in M} c_{mj} x_{mj} + \gamma$$

s. t.

$$\sum_{i \in I} \sum_{m \in M} d_{mi}^{0} \left(\sum_{j \in J} t_{mij} \pi_{mij} + s_{mi} \pi_{mi} \right) + \Gamma_0 z_0 + \sum_{i \in I} \sum_{m \in M} p_{mi} \leqslant \gamma$$

$$\sum_{i \in I} d_{mi}^{0} \pi_{mij} + \Gamma_{mj} z_{mj} + \sum_{i \in I} p_{ij} \leqslant x_{mj} \quad \forall m, j$$

$$z_0 + p_{mi} \geqslant \hat{d}_{mi} \left(\sum_{j \in J} t_{mij} \pi_{mij} + s_{mi} \pi_{mi} \right) \quad \forall m, i \tag{5-10}$$

$$z_{mj} + p_{ij} \geqslant \hat{d}_{mi} \pi_{mij} \quad \forall i$$

$$\sum_{j \in J} \sum_{m \in M} c_{mj} x_{mj} \leqslant C$$

$$\sum_{j \in J} \pi_{mij} + \pi_{mi} \geqslant 1 \quad \forall m, i$$

$$\pi_{mij}, \pi_{mi}, x_{mj}, z_0, p_{mi}, z_{mj}, p_{ij} \geqslant 0 \quad \forall m, i, j$$

证明：对于给定的 $\pi_j^* \geqslant 0$，$\hat{d}_j \geqslant 0$，$\forall j \in J$，有模型：

$$\max_{\{S \cup \{k\} \mid S \subseteq J, |S| = \lfloor \Gamma \rfloor, k \in J \setminus S\}} \sum_{j \in S} \hat{d}_j \pi_j^* + (\Gamma - \lfloor \Gamma \rfloor) \hat{d}_k \pi_k^* \tag{5-11}$$

其等价模型为：

$$\begin{aligned} \max \quad & \sum_{j \in J} \hat{d}_j \pi_j^* x_j \\ \text{s. t.} \quad & \sum_{j \in J} x_j \leqslant \Gamma \\ & 0 \leqslant x_j \leqslant 1 \quad \forall j \in J \end{aligned} \tag{5-12}$$

线性规划（5-12）的对偶问题为：

$$\begin{aligned} \min \quad & \Gamma z + \sum_{j \in J} p_j \\ \text{s. t.} \quad & z + p_j \geqslant \hat{d}_j \pi_j^* \quad \forall j \in J \\ & p_j \geqslant 0 \quad \forall j \in J \\ & z \geqslant 0 \end{aligned} \tag{5-13}$$

利用式（5-13），将模型（5-9）的前两个约束进行转化，便得到（5-10）。

定理 5.2

令（x^*，π^*，γ^*）是模型（5-9）和（5-10）求得的最优解，S_0^*，k_0^* 作为（5-9）的第一个约束中与 max 函数相对应的指标集。对于不确定需求 $\tilde{d}_{mi}\in D_{mi}$，定义 $\eta_{mi}=\dfrac{\tilde{d}_{mi}-d_{mi}^0}{\tilde{d}_{mi}}$。

则求得的解违背约束（5-5）的概率为：

$$
\begin{aligned}
&P\left(\sum_{i\in I}\sum_{m\in M}\tilde{d}_{mi}\left(\sum_{j\in J}t_{mij}\pi_{mij}^*+s_{mi}\pi_{mi}^*\right)>\gamma\right)\\
&=P\left(\sum_{i\in I}\sum_{m\in M}d_{mi}^0\left(\sum_{j\in J}t_{mij}\pi_{mij}^*+s_{mi}\pi_{mi}^*\right)+\eta_{mi}\hat{d}_{mi}\left(\sum_{j\in J}t_{mij}\pi_{mij}^*+s_{mi}\pi_{mi}^*\right)>\gamma\right)\\
&\leqslant P\left(\sum_{i\in I}\sum_{m\in M}\eta_{mi}\hat{d}_{mi}\left(\sum_{j\in J}t_{mij}\pi_{mij}^*+s_{mi}\pi_{mi}^*\right)>\sum_{mi\in S_0^*}\hat{d}_{mi}\left(\sum_{j\in J}t_{mij}\pi_{mij}^*+s_{mi}\pi_{mi}^*\right)+(\Gamma_0-\lfloor\Gamma_0\rfloor)\hat{d}_{k_0^*}(t_{k_0^*}\pi_{k_0^*}+s_{k_0^*}\pi_{k_0^*})\right)\\
&=P\left(\sum_{mi\in J_0\backslash S_0^*}\eta_{mi}\hat{d}_{mi}\left(\sum_{j\in J}t_{mij}\pi_{mij}^*+s_{mi}\pi_{mi}^*\right)>\sum_{mi\in S_0^*}\hat{d}_{mi}\left(\sum_{j\in J}t_{mij}\pi_{mij}^*+s_{mi}\pi_{mi}^*\right)(1-\eta_{mi})+(\Gamma_0-\lfloor\Gamma_0\rfloor)\hat{d}_{k_0^*}(t_{k_0^*}\pi_{k_0^*}+s_{k_0^*}\pi_{k_0^*})\right)\\
&\leqslant P\left(\sum_{mi\in J_0\backslash S_0^*}\eta_{mi}\hat{d}_{mi}\left(\sum_{j\in J}t_{mij}\pi_{mij}^*+s_{mi}\pi_{mi}^*\right)>\hat{d}_{(mi)^*}\left(\sum_{j\in J}t_{(mi)^*j}\pi_{(mi)^*j}+s_{(mi)^*}\pi_{(mi)^*}\right)\left(\sum_{mi\in S_0^*}(1-\eta_{mi})+(\Gamma_0-\lfloor\Gamma_0\rfloor)\right)\right)\\
&=P\left(\sum_{mi\in S_0^*}\eta_{mi}+\sum_{mi\in J_0\backslash S_0^*}\frac{\hat{d}_{mi}\left(\sum_{j\in J}t_{mij}\pi_{mij}^*+s_{mi}\pi_{mi}^*\right)}{\hat{d}_{(mi)^*}\left(\sum_{j\in J}t_{(mi)^*j}\pi_{(mi)^*j}+s_{(mi)^*}\pi_{(mi)^*}\right)}\eta_{mi}>\Gamma_0\right)\\
&=P\left(\sum_{i\in I}\sum_{m\in M}\eta_{mi}\beta_{mi}>\Gamma_0\right)\\
&\leqslant P\left(\sum_{i\in I}\sum_{m\in M}\eta_{mi}\beta_{mi}\geqslant\Gamma_0\right)
\end{aligned}
$$

同理可以证明，对于约束（5-6）也有相似的结论。

注：（1）Γ_0 和 Γ_{mj} 可以有效地调整解的鲁棒性能。在后面的实验中将会观察到，随着 Γ_0 和 Γ_{mj} 的增加，目标函数的值也是递增的，但是解的保守性也增强。当 $\Gamma_0=J_0$，$\Gamma_{mj}=J_{mj}$ 时，该方法等价于 Bental 的绝对鲁棒方法。

(2) 在求解模型 AARC—ERA 时，考虑 Sim 的论文中处理不确定参数的方法。即对每个包含不确定参数的约束引入一个参数 Γ，Γ 不一定是整数，约束中至多有 $\lfloor \Gamma \rfloor$ 个系数可以改变，还有一个系数改变为（$\Gamma-\lfloor \Gamma \rfloor$）$\bar{d}_{mi}$，$\Gamma$ 的作用是调整解的鲁棒性和最优性，从而达到调节解的保守性的作用。

5.3 数值验证

考虑某个地区应急物资的配置问题。实例中共有 11 个需求点和 6 个应急物资供应中心，如图 5－1 所示。表 5－1 列出了应急物资供应中心与灾区间的单位运输费用。其中供应中心序号 5 表示该地区的行政中心。本例只考虑一类应急物资的配置，即 $|M|=1$，这样 $J_0=J_{mi}=|I|$ 设应急物资的价格为 $c_{mi}=1800$ 元/吨，灾害发生后应急物资的补偿价格 $s_{mi}=3200$ 元/吨，资金预算为 $C=2200$ 万元。

每个子区域需求的均值 d_i^0（$i=1, 2, \cdots, 11$）根据人口密度来确定，并分别进行 2%、5%、10%的扰动。表 5－2 列出了各个灾区的平均需求量以及需求量变化 2%的扰动量。由于 $J_0=J_{mi}=|I|$，实例在考虑控制水平时，不妨假设每个约束的变化幅度相等，即 $\Gamma_0=\Gamma_{mj}=\Gamma$。

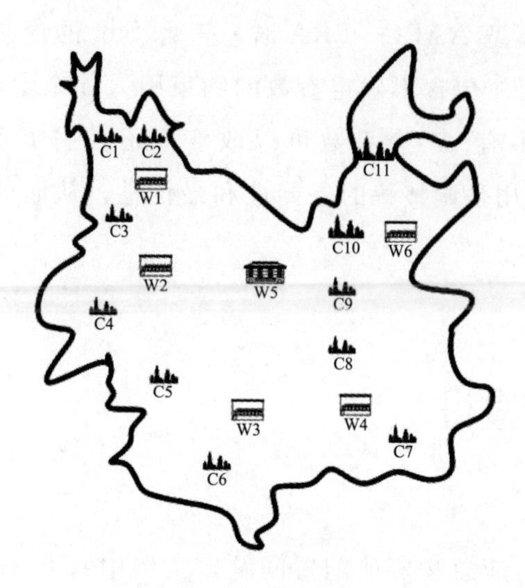

图 5－1　算例图示

表 5－1　　应急物资供应中心与灾区的单位运输费用　　单位：元/吨

	1	2	3	4	5	6	7	8	9	10	11
1	10	10	17	30	30	50	54	34	31	28	37
2	26	28	8	9	16	35	53	34	35	37	50
3	51	52	37	30	14	8	32	22	28	33	53
4	57	55	49	47	30	26	11	11	17	20	40
5	33	33	26	28	16	31	32	13	13	14	33
6	50	47	49	54	39	46	21	17	12	11	19

表 5－2　　各灾区的需求量及扰动量　　单位：吨

i / d	1	2	3	4	5	6	7	8	9	10	11
d_i^0	1500	1600	1400	1600	1500	1500	1400	1300	1800	1400	1000
$\hat{d}_i$ (2%)	30	32	28	32	30	30	28	26	36	28	20

利用 Lingo8.0 编程，得到结果如表 5－3 所示。表 5－3 列出了需求扰

动为 2%时，5 种 Γ 的控制值水平下的资源配置代价。其中 $\Gamma=0$ 即当需求为均值时的资源配置结果，令其对应的目标函数值为 $\bar{Z}$，$\Gamma=11$ 即为绝对鲁棒优化的结果。Z 是模型（5-10）的目标函数值。

表 5-3　　不同控制水平下的应急资源配置结果，扰动 2%

	x_1	x_2	x_3	x_4	x_5	x_6	Z（万元）
$\Gamma=0$	3100	3000	1500	2700	0	1922.2	3420.886
$\Gamma=3$	102.38	813.80	0	0	11005.25	300.782	3469.909
$\Gamma=6$	311.59	205.24	203.05	1.98	11095.13	405.24	3498.022
$\Gamma=9$	2416.95	2313.57	2315.35	2008.30	0	3168.06	3519.866
$\Gamma=11$	3162	3060	1530	2754	0	1716.22	3523.232

表 5-4　　不同扰动水平下的应急资源配置结果比较

		Z	$Z/\bar{Z}$
$\Gamma=3$	2%	3469.91	1.014
	5%	3517.89	1.028
	10%	3597.85	1.051
$\Gamma=6$	2%	3498.02	1.023
	5%	3589.20	1.049
	10%	3741.15	1.094
$\Gamma=9$	2%	3519.87	1.029
	5%	3655.05	1.068
	10%	3874.12	1.132
$\Gamma=11$	2%	3523.23	1.030
	5%	3676.76	1.075
	10%	3932.68	1.150

根据表 5-3 和表 5-4 的实验结果，可以得到如下结论：

（1）解的保守性随着 Γ 的增加而增强。为了进一步体现控制水平的作用，图 5-2 给出了在扰动比例为 5%的情况下，目标函数值 Z 随 Γ 变化的图示。

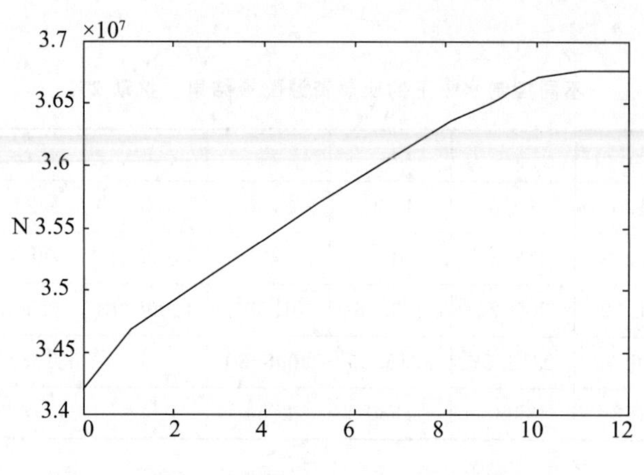

图 5-2 目标函数值 Z 随 Γ 变化示意

由图 5-2 可以看出，当不确定需求的扰动比例相同时，随着控制水平 Γ 的增加，总的代价呈现递增的趋势。决策者可以根据对不确定风险的偏好程度决定控制水平，进而决定配置方案。

（2）对所有的控制水平而言，第一个阶段的目标函数，即 $\sum_{j\in J}\sum_{m\in M} c_{mj} x_{mj}$ 相同，经过计算，均为 2200 万元。表 5-3 中，$\Gamma=3$ 和 6 时，其配置的结果不同于其他控制水平，这主要是由于目标函数的后两项，即第二阶段的资源配置费用所决定的。从图 5-1 中也可以看出，应急物资供应中心 5 位于整个区域的中部，这也决定了当控制水平为适当的值时，中心 5 在资源配置中的重要地位。

（3）从表 5-4 中看出，当控制水平 Γ 相同时，随着需求的扰动比例增加，目标函数 Z 也在增加。最后一列数字列出了不同控制水平、不同需求扰动情况和均值情况的目标函数的比例值。

5.4 小结

本章针对突发事件需求量大和随机分布不明显的特点，建立了考虑救灾过程的二阶段资源配置模型。并利用鲁棒优化的方法处理不确定需求数据，使最终的资源配置方案在需求变化时能够保持较好的鲁棒性。算例证明了模型的有效性。其创新点主要体现在以下几点：

（1）建立应急资源配置的两阶段决策模型；

（2）利用鲁棒优化的思想处理应急资源配置问题；

（3）求解可调整鲁棒对应问题的逼近问题，放弃利用绝对保守的方法，而是引入控制参数，调整解的最优性和鲁棒性，使解更加符合实际。

采用鲁棒准则解决应急资源的配置问题，是因为鲁棒优化采用事先分析的策略，在优化模型建立的过程中就考虑了参数的不确定性，其优化解的鲁棒性突破了过去优化模型不确定参数过多依赖先验知识以及服从概率分布的假定。鲁棒优化还未形成统一的理论体系，而本章的研究也只是将鲁棒优化的思想作为一种工具，用于应急管理决策的一个初步探索，希望能起到抛砖引玉的作用。

6 基于最大最小后悔值的应急资源布局决策

上一章中，考虑不确定数据为连续的情况，并且利用绝对鲁棒优化的建模方法求解，本章中考虑针对灾害发生的不确定情形，将自然灾害按照其发生的特征划分成有限个情景集合，以此为基础建立应急资源布局的二阶段模型，并利用最小最大值的绝对鲁棒优化的方法处理不确定条件。其创新点主要体现在两方面：一方面，利用基于最小最大值的绝对鲁棒优化方法即鲁棒偏差准则进行决策，保守性则比绝对鲁棒准则弱一些，试图寻找改进的机会，将不确定性作为机会去探索，而不是作为风险去规避。另一方面，在求解最小最大值鲁棒优化模型时，针对灾害造成的不确定数据的情景预测结果，构建了基于情景松弛的鲁棒优化算法，该算法能够大大提升求解效率。

6.1 决策模型描述

6.1.1 问题描述

情景分析是处理不确定数据的一种常用方法。自然灾害具有诸多信息不确定的特性，如对应急物资的需求、应急资源的运送时间等。因此，考虑应对自然灾害的资源布局问题，可以根据历史灾害发生的不同情形，包括发生的地点、级别、规模等情况，将自然灾害按照其发生的特征和历史情况进行灾后情景的划分，设$\overline{\Omega}$表示灾害发生后所有可能的情景集合，在所有参数中，应急资源需求、运输费用等是不确定的，与某个特定的情景$\omega \in \overline{\Omega}$有关。

假定应急资源储备中心的待选地址和应急资源的种类已经确定，需要解决的问题是，在所有可能的自然灾害情景发生之前，确定应急资源储备中心的地址，并配置合理的应急资源数量，若是灾区的需求还未满足，则引入补偿策略，策略可以认为是未满足的需求所造成的经济损失；若是供应灾区的物资超过了需求量，也要引入惩罚，其惩罚为处置过剩的应急物资。目标是希望整个资源布局决策的代价最小。

相关参数定义如下：

I——候选应急资源储备中心 i 集合；

J——受灾地区 j 集合；

S——应急资源储备中心提供的应急资源的种类 s 集合；

F_i——应急资源储备中心 i 的建设成本；

b_{si}——应急资源储备中心 i 储备的应急资源 s 的单位价格；

$t_{\omega sij}$——将某种应急资源 s 从候选应急资源储备中心 i 运往受灾地区 j 的单位费用；

p_{sj}——灾区 j 未满足的应急资源 s 的单位惩罚费用；

q_{sj}——灾区 j 多余应急资源 s 的单位处置费用；

v_s——应急资源 s 的单位体积；

V_j——应急资源储备中心 i 的最大容量；

$d_{\omega sj}$——情景 ω 发生时灾区 j 对应急资源 s 的需求量。

决策变量为：

X_i——应急资源储备中心 i 被选址，则为 1，否则，为 0；

x_{si}——应急资源储备中心 i 储备的应急资源 s 的数量。

辅助决策变量为：

$y_{\omega sij}$——情景 ω 下临时应急资源储备中心 i 配送到灾区 j 的应急资源 s 的数量；

$z_{\omega sj}$——情景 ω 下灾区 j 未满足的应急资源 s 的数量；

$r_{\omega sj}$——情景 ω 下灾区 j 剩余的应急物资的 s 的数量。

6.1.2 基本模型描述

根据以上参数和决策变量定义，建立基于特定情景 $\omega \in \overline{\Omega}$ 的应急资源布局模型 P：

$$\min SC + RC + TC_{\omega} + PC_{\omega} + QC_{\omega} \tag{6-1}$$

$$\text{s. t.} \sum_{s \in S} v_s x_{si} \leqslant V_i X_i \quad \forall i \in I \tag{6-2}$$

$$\sum_{j \in J} y_{\omega sij} \leqslant x_{si} \quad \forall i \in I，s \in S \tag{6-3}$$

$$\sum_{i \in I} y_{\omega sij} + z_{\omega sj} - r_{\omega sj} = d_{\omega sj} \quad \forall s \in S，j \in J \tag{6-4}$$

$$X_i \in \{0，1\}，x_{si}，y_{\omega sij}，z_{\omega sj}，r_{\omega sj} \geqslant 0$$

$$\forall i \in I，j \in J，s \in S \tag{6-5}$$

目标函数中：

$$SC = \sum_{i \in I} F_i X_i \tag{6-1-1}$$

$$RC = \sum_{i \in I} \sum_{s \in S} b_{si} x_{si} \tag{6-1-2}$$

$$TC_{\omega} = \sum_{i \in I} \sum_{j \in J} \sum_{s \in S} t_{\omega sij} y_{\omega sij} \tag{6-1-3}$$

$$PC_{\omega} = \sum_{j \in J} \sum_{s \in S} p_{sj} z_{\omega sj} \tag{6-1-4}$$

$$QC_{\omega} = \sum_{j \in J} \sum_{s \in S} q_{sj} r_{\omega sj} \tag{6-1-5}$$

模型 P 是一个两阶段混合整数规划模型。目标函数（6-1）为应急布局决策两个阶段的总费用，第一阶段：（6-1-1）表示应急资源储备中心选址的建设费用；（6-1-2）为储备的应急资源的总费用；第二阶段：(6-1-3)为情景 ω 下从各个应急资源储备中心往受灾地区应急资源运输费用；(6-1-4）表示未满足需求的惩罚费用；(6-1-5）表示当需求点物资有剩余时，应急资源的处置费用。约束（6-2）表示每个应急资源储备中心应急资源配置的容量要求。约束（6-3）表示应急资源储备中心提供给灾区的应急资源总量不能超过其供应能力。约束（6-4）表示每个灾区对某种应急资源的需求量应该尽量满足，对于未满足的资源引入惩罚策略，策略的代价即目标函数（6－1－4）项，可以认为是未满足的需求所造成的损失；对于多余的资源也需要处置费用，即（6－1－5）项。约束(6－5)是对应急资源储备中心选址变量的整型约束，以及其他决策变量的非负约束。

从以上模型可以看出，第一个阶段为应急资源布局过程，第二阶段为灾害发生后的资源配送过程。进行应急资源布局时，在所有情景发生前就要完成对应急资源储备中心的选址及应急资源的配置工作，即第二阶段的情景 ω 实现之前，就要做出第一阶段的应急资源布局决策，模型 P 只有对第一阶段所估计的所有受灾点的情景 $\omega\in\overline{\Omega}$都考虑才有实际意义。考虑利用基于最小最大后悔值的鲁棒优化方法选择决策方案。

6.1.3 基于最小最大值的绝对鲁棒优化建模方案

最小最大值的思想来源于非确定型决策中的悲观主义准则，即大中取小法（Walde 法），其基本思想是决策者首先求出各种情景下的目标最大值，再从这些决策最大值中取一个最大目标值所对应的方案为最终的决策方案。为简化描述，令 $\{X,(Y_\omega, Z_\omega)\}$ 分别表示两个阶段的决策变量集合 $\{(X_i, x_{si}),(y_{\omega sij}, z_{\omega sj})\ \forall s, i, j, \omega\}$。对于本问题，建立下列最小最大值的鲁棒优化模型：

$$\min_X \max_{\omega\in\overline{\Omega}} Z_\omega^*(X) \tag{6-6}$$

其中，

$$Z_\omega^*(X)=\left\{\begin{array}{lll}\min\limits_{Y_\omega, Z_\omega} & TC_\omega+PC_\omega+QC_\omega & \\ \text{s. t.} & \sum\limits_{j\in J} y_{\omega sij}\leqslant x_{si} & \forall i\in I,\ s\in S \\ & \sum\limits_{i\in I} y_{\omega sij}+z_{\omega sj}-r_{\omega sj}=d_{\omega sj} & \forall s\in S,\ j\in J \\ & X_i\in\{0,1\},\ x_{si},\ y_{\omega sij},\ z_{\omega sj},\ r_{\omega sj}\geqslant 0 & \\ & \forall i\in I,\ j\in J,\ s\in S & \end{array}\right\}+$$

$$SC+RC,\ \forall\omega\in\overline{\Omega} \tag{6-7}$$

模型（6－6）又称为绝对鲁棒优化模型，指的是进行第一阶段的应急布局决策时，选择具有最小最大目标值的方案作为最优决策。$Z_{\omega}^{*}(X)$ 指选择某个布局方案 X，某个情景 ω 下的应急资源配送总费用。模型(6-6)得到的决策结果是针对所有可能发生的情景进行的决策，这保证了布局决策的公平性和稳健性。

6.2 求解模型的算法描述

6.2.1 模型求解思路

当情景集合 $\overline{\Omega}$ 包含有限个情景 ω 时，模型（6-6）等价于下列混合整数规划问题：

$$\min_{\delta, X, Y_{\omega}, Z_{\omega}} \quad \delta$$

$$\text{s.t.} \left.\begin{aligned} & \delta \geqslant SC + RC + TC_{\omega} + PC_{\omega} + QC_{\omega} \\ & \sum_{s \in S} v_s x_{si} \leqslant V_i X_i \ \forall i \in I \\ & \sum_{j \in J} y_{\omega sij} \leqslant x_{si} \ \forall i \in I,\ s \in S \\ & \sum_{j \in J} y_{\omega sij} + z_{\omega sj} - r_{\omega sj} = d_{\omega sj} \ \forall s \in S,\ j \in J \\ & X_i \in \{0,1\},\ x_{si},\ y_{\omega sij},\ z_{\omega sj},\ r_{\omega sj} \geqslant 0 \\ & \forall i \in I,\ j \in J,\ s \in S \end{aligned}\right\} \forall \omega \in \overline{\Omega} \qquad (6-8)$$

模型（6-8）是（6-6）的扩展形式。如果（6-8）的最优解存在，则其解的分量 $\{X = (X_i, x_{si})\ \forall s, i\}$ 即为模型（6-6）的最优解。但在实际求解过程中，突发事件的情景集合的规模很大，直接求解模型(6-8)非常困难。基于此，本文借鉴一种新的基于情景松弛的迭代优化算法求解最小最大值鲁棒优化模型（6-6）。

情景松弛算法的原理是在所有可能的情景集合 $\overline{\Omega}$ 中，只用一小部分情

景子集 Ω 来求解模型（6－8），由情景子集 Ω 构成的模型（6－8）称为原问题的松弛问题。情景集 Ω 由两部分组成：第一个部分集合保证求得的解对所有的情景均为 Z_{ω}^{*}（X）的可行解，每次迭代过程通过增加不可行情景进入集合 Ω 来增加松弛问题的规模；第二个集合用来保证求得的解为原问题（6－6）的最优鲁棒解，对于所有不属于$\overline{\Omega}\setminus\Omega$ 的情景 ω，若松弛问题的鲁棒解 X_{Ω} 对应的目标值小于或等于松弛问题（6－8）的最优目标函数值 δ^{*}，则算法迭代终止，当前解 X_{Ω} 即为问题（6－6）的最优解，否则从属于$\overline{\Omega}\setminus\Omega$ 的情景集合中选择一部分情景进入集合 Ω 来增加松弛问题的规模。这样通过不断的迭代求得问题（6－6）的最优决策。

6.2.2 最小最大值鲁棒优化模型的情景松弛算法

有了以上讨论的基础，下面给出求最小最大值鲁棒优化应急决策模型（6－6）的算法：

第一步，初始化：从情景集合$\overline{\Omega}$中选择一个子集合 Ω，令 $UB=\infty$，$LB=0$。给小的非负实数 ε 设定一个取值，转第二步。

第二步，（求解松弛问题并进行最优性检验）求解由子集合 Ω 构成的模型（6－8）的松弛问题。若松弛问题不可行，则算法终止，模型（6－6）不存在鲁棒最优解，否则，令 $X_{\Omega}=X^{*}$（松弛问题的最优解），$LB=\delta^{*}$（松弛问题的最优目标值）。若 $UB-LB\leqslant\varepsilon$，$X_{\Omega}$ 即可作为全局 ε—最优鲁棒解，算法结束，否则，转第三步。

第三步，对于所有的情景 $\omega\in\overline{\Omega}\setminus\Omega$，令 $X=X_{\Omega}$，求解线性规划（6－7）。令 $W_1\subseteq\overline{\Omega}\setminus\Omega$ 为（6－7）不存在可行解的情景子集；$W\subseteq\overline{\Omega}\setminus(\Omega\cup W_1)$ 为满足 Z_{ω}^{*}（X_{Ω}）$\geqslant\delta^{*}$ 的情景子集。

第四步，若 $W_1\neq\varnothing$，执行第五步；否则，更新 UB：$=\min$（UB，$\max\limits_{\omega\in\overline{\Omega}}Z_{\omega}^{*}$（$X_{\Omega}$））。若 $UB-LB\leqslant\varepsilon$，$X=X_{\Omega}$ 即可作为满足 UB：$=\max\limits_{\omega\in\overline{\Omega}}Z_{\omega}^{*}$（$X_{\Omega}$）的全局 ε—最优鲁棒解，算法结束；否则，转第六步。

第五步，选择非空子集 $W'_1\subseteq W_1$，更新集合 Ω：$=\Omega\cup W'_1$，转第二步。

第六步，选择非空子集 $W'\subseteq W$，更新集合 Ω：$=\Omega\cup W'$，转第二步。

注：因为本算法的目的是节约求解时间，后面的实验结果可以看到，即使问题的情景集合$\overline{\Omega}$包含多个情景，但是在用本算法求解时只需要极少数目的情景，即情景集合Ω的数目很小。因此，在选取情景集合Ω时，初始步骤一般随机选择一个情景$\omega \in \Omega$即可。

定理 6.1 情景松弛算法在有限次迭代后终止，当算法终止于$\varepsilon = 0$时，或者算法不可行，或者求得原问题的最优鲁棒解。

证明：注意到模型（6-8）的松弛问题也是原最小最大值模型（6-6）的松弛问题，模型（6-8）的可行域包含（6-6）的可行域，这个事实表明：

（1）如果模型（6-8）的松弛问题不可行，则问题（6-6）也不可行。

（2）在迭代过程中，$LB \leqslant \min_X \max_{\omega \in \overline{\Omega}} Z_\omega^*(X_\Omega)$。

（3）如果X^*是原问题（6-6）的最优解，则X^*也是模型（6-8）的松弛问题的可行解。

由（1）可知，若算法因为模型（6-8）的松弛问题不可行而终止，则最小最大值鲁棒问题（6-6）也不可行。现假定算法由于第二步或者第四步中条件$UB = LB$而终止，得到解X_Ω。

由于算法只有在X_Ω对于所有情景均可行，或者$W_1 = \varnothing$时才能在以上步骤中结束，得：

$$UB = \max_{\omega \in \overline{\Omega}} Z_\omega^*(X_\Omega) \geqslant \min_X \max_{\omega \in \overline{\Omega}} Z_\omega^*(X_\Omega)$$

因此，如果$UB = LB$，则：

$$\max_{\omega \in \overline{\Omega}} Z_\omega^*(X_\Omega) = \min_X \max_{\omega \in \overline{\Omega}} Z_\omega^*(X_\Omega)$$

显然，X_Ω是原最小最大鲁棒问题（6-6）的最优解。

由于只有有限个可能的X_Ω的组合和参数设置，因此，该算法在有限步迭代后终止。

6.3 算例分析

算例考虑我国某省应对地震灾害的应急资源布局决策问题。该省位于几个地震带上，属于地震多发地区。如图 6-1 所示，其中有 8 个候选应急资源储备中心（$W_1 \sim W_8$），按照以往统计情况，将灾区划分为 15 个需求点（$C_1 \sim C_{15}$）考虑三种应急物资：水、食物和帐篷，其相关配置参数如表 6-1所示。

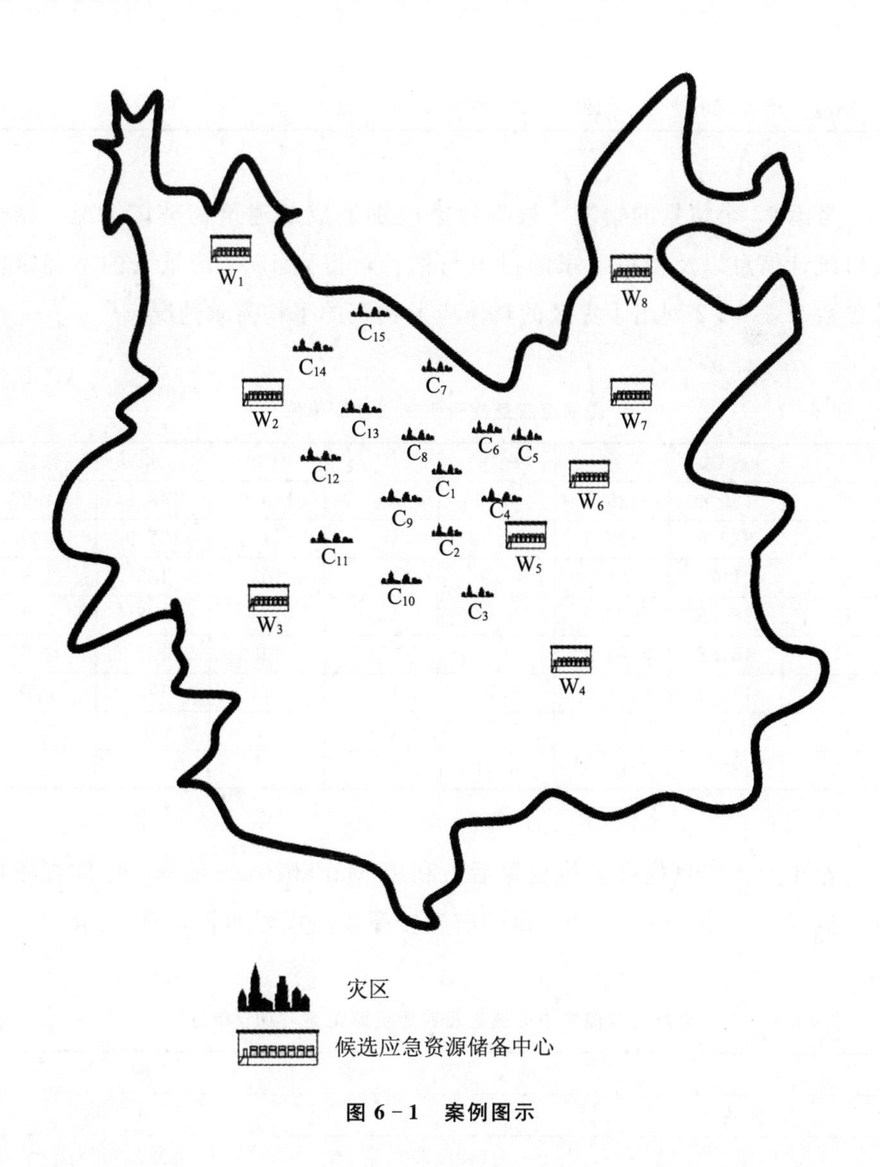

图 6-1　案例图示

表 6-1　　应急物资配置相关参数

物资类型 (103)	b_{si} (103/单位)	v_s (m^3/单位)	p_{sj} (103/单位)	q_{sj} (103/单位)	临时应急配送中心体积 V_j (103m^3)	临时候选供应中心建设费用 F_j
水	0.5	4.5	5	5	8000	100000
食物	2	2	20	20		
帐篷	20	120	200	200		

考虑 15 个情景的情况。根据地震级别造成的建筑物破坏情况，结合人口统计信息以及相关专家的讨论与估计，得到 15 个情景下的不确定需求参数。表 6-2 列出了灾区的具体应急物资的平均需求情况。

表 6-2　　需求点应急物资需求 (10^3/单位)

	食物	水	帐篷		食物	水	帐篷
C_1	136.4	136.4	4.55	C_9	148.9	148.9	4.9
C_2	339.6	339.6	11.32	C_{10}	157.9	157.9	5.26
C_3	117	117	3.9	C_{11}	133	133	4.5
C_4	283.9	283.9	9.46	C_{12}	188	188	6.2
C_5	181.8	181.8	6.06	C_{13}	133	133	4.5
C_6	153.9	153.9	4.77	C_{14}	175	175	5.8
C_7	91.1	91.1	3.03	C_{15}	81	81	2.7
C_8	180.5	180.5	6.01				

给出上面实例的参数值设置后，利用 Matlab2012a 编程，中间在求解规划问题时采用 Lingo11.0，得到应急资源布局规划如表 6-3 所示。

表 6-3　　应急资源储备中心选址及应急资源配置 (10^3/单位)

	W_2	W_6
食品	1357.370	1294.076
水	1407.790	1327.300
帐篷	47.007	44.380

从表 6－3 的结果中可以观察，W_2，W_6 被选择作为应急资源储备中心，其储备的应急资源如表 6－3 所示。W_2 和 W_6 分别处在该省份东西两个方向，当发生地震灾害时，用来向可能受灾的地区供应应急资源。

本模型在执行算法的过程中，情景集合大小对于求解时间的影响较大，若花费的时间较长，则不能算作有效算法。为了验证求解算法的有效性，算法检验了不同规模情景集合的模型，分别包含 16 个、64 个、256 个与 1024 个情景集合，与单纯计算扩展形式（6－8）的时间相比较，结果如表 6－4 所示。

表 6－4　本算法与扩展形式的计算性能对比

模型	总的情景数	算法产生的情景数	算法执行时间（s）	扩展形式的计算时间（s）
1	16	3	15	57
2	64	3	36	80
3	256	3	88	1495
4	1024	4	343	27540
5	256	6	99	1923

从表 6－4 中的模型计算结果可以看出，基于情景松弛的鲁棒优化算法在计算时间上明显优于单纯求解扩展形式所用的时间。如模型 4 包含了 1024 个情景，利用本文的算法只需要 343 秒，而单纯求解其扩展形式需要 27540 秒，大约为 7.7 个小时。可见，情景松弛算法在求解应急布局决策的最小最大值鲁棒优化模型时是非常有效的。

6.4 小结

本章通过建立二阶段的应急资源布局决策模型，解决了应对自然灾害的应急资源储备中心的选择和应急救灾物资的配置问题，并根据情景的分析结果，将模型转化为最小最大值的鲁棒优化模型。在求解该模型时，针对灾害造成的不确定数据的情景预测结果，构建了基于情景松弛的鲁棒优化算法。该模型能够有效用于应急资源布局决策，试验结果表明基于最小最大值准则的应急资源布局决策模型具有良好的鲁棒性，而且基于情景松弛的鲁棒优化算法的有效性也得到了验证。

本章建立的应急资源布局决策模型综合考虑了应急资源保障的可靠性，针对不同情景的决策鲁棒性，以及救灾代价的经济性等目标。但是，仍然有一些目标未考虑，如第二阶段各个受灾点供应物资的均衡性，对各点的需求满足率情况没有很好地考虑。另外，针对第二阶段的应急资源调度只是根据情景简单考虑了不确定参数的取值情况，在实际救灾过程中应急资源的调度问题比较复杂。

7 总结与展望

7.1 本书的主要结论

越来越多的突发事件已经成为严重影响社会发展的重要因素之一，例如，发生在我国的2008年冰冻雪灾，“5·12”大地震等事件。针对突发性事件的研究已经引起了更多的关注。许多国家已经陆续开始针对突发事件应急物流体系的相关问题进行研究。应急资源布局问题是应急物流体系中一个非常基本的问题，它关系着救灾过程的顺利实施。本书针对不确定条件下的应急资源布局问题展开研究。

本书阐述了研究背景，确定要对应急物流体系中的应急资源布局问题展开研究，并对本书的框架结构和创新点进行说明。针对应急物流体系展开讨论，并综述了不确定条件下的应急资源布局相关文献。

针对突发事件面临的不确定性特点，利用不同的方法解决不确定条件下的应急资源布局模型，是本书的主体。

首先，利用分类分级思想进行应急设施的选址，也涉及到应急资源配置工作。可以将分类分级思想认为是情景分析的初步应用。以地震为背景，利用地震级别划分的原理，将地震的级别分为 low 和 $high$ 两个级别。当级别为 low 时，整个区域内的每个需求点的需求必须都满足。当级别为 $high$ 时，除了本地区的供应点进行供应，还需要其他地区进行协调供应。

当级别为 $high$ 时，考虑了救灾过程资源配置所产生的反应机理。模型中两个目标函数分别表示低级别下的总花费最少，以及高级别时营救出来的最少的生存人数最多，以体现针对每个地区的公平性要求。

其次，进一步利用情景分析的方法构建应急资源配置的随机优化模型，主要是针对某个地区的应急设施选址问题已经解决的情形，对单个应急供应中心的应急资源配置进行研究。考虑到灾害发生后的情景，模型中还详细地给出了临时供应中心的选址和配置问题，以及从单个应急供应中心和临时应急供应中心向灾区进行资源配送的过程，以满足灾区对应急资源的需求。所建立的模型反映了综合各个情景确定的应急供应中心的应急资源配置的数量，对我国现有的国家和省级的救灾仓库的配置起到辅助决策的作用。

最后，当不确定性需求无法利用其概率分布，只知道其取值处于一个大体的范围内时，考虑利用鲁棒优化的方法，解决针对这种不确定性数据进行应急资源配置的问题。建立了一类应急资源配置问题的二阶段数学规划模型，并利用鲁棒优化的准则进行求解。当面对事关人员伤亡损失的突发事件时，应急救援物资的需求应该尽量满足，特别是针对比较极端的情况时，应急资源布局应该考虑最坏情况下的最好解。鲁棒优化就是一种满足这种要求的比较好的准则。在求解的过程中，利用可调整鲁棒优化的思想，即第二阶段的资源配置结果是动态变化的，并不是绝对与第一阶段的决策变量处于同等地位，这样得到的解更具有柔韧性与可调整的优点。

本书所做的研究工作只是针对突发事件的应急资源布局问题的一个初步探索。由于突发事件应急管理面临的不确定性程度更高，风险更大，造成的损失更多，本人认为，其研究的方法应该根据特定的突发事件进行细化的应急管理相关研究，然后将各种研究结果进行归纳，得到更加细致和具体的结论。

7.2 未来工作展望

对突发事件应急管理的研究尚处于起步阶段，在后续的研究工作中，将结合突发事件的特点深化理论研究，探讨利用运筹学方法与其他合适的方法相结合建立更加合理的数学模型，解决相关的问题。具体来说，需要进一步的研究工作有以下三方面。

(1) 如何基于突发事件构建相应的情景。情景构建无论是对于制定预案，评估预案，还是进行应急资源布局与调度，都是一个重要的基础条件，如何进行突发事件的情景分析和情景构建是一个值得深入探讨的问题。

(2) 如何综合考虑不确定性条件下的应急资源布局问题。在本书的研究过程中，我们利用了分类分级、鲁棒优化和随机优化的方法进行了资源布局研究，这只是进行初步的探讨，将一些处理不确定优化的方法用于应急资源布局问题上来。由于突发事件的不确定性数据多种多样，接下来的研究工作可以考虑不同的处理方法相结合的方式，如一部分不确定性数据利用其分布，而另一部分不确定性数据采用鲁棒的方法进行处理，从而更加准确地解决问题。

(3) 应急资源布局结果在实际中的应用。应急管理的理论研究与实际应用是紧密结合在一起的。如何将本书中的应急资源布局结果利用到实际中去，并不断地进行调整，在调整的基础上进行修正，尽可能地符合实际需要，这也是一个值得探讨的问题。在本书的应急资源布局研究中存在很多的假设条件，特别是针对不确定性的假设，在实际中，这些假设条件不一定都能够符合实际情况。考虑了实际情况的应急资源布局将会提高应急决策的水平，这也增加了问题的研究难度。

随着人们对突发事件的关注程度越来越高，相信会有越来越多的人进入到应急管理领域，从而将各种研究方法应用到该领域中，促进针对突发事件应急管理的研究，从而使人们对突发事件发生、演变和应对的规律加深认识，并最终大大降低突发事件对人类造成的损失。

参考文献

［1］谢如鹤，邱祝强．论应急物流体系的构建及其运作管理［J］．物流技术，2005，10：78－80.

［2］SHEU J. Challenges of emergency logistics management［J］. Transportation Research Part E：Logistics and Transportation Review，2007，43：655－659.

［3］WEBER A. On the location of industries［M］. Chicago：University of Chicago Press，1929.

［4］HAKIMI S L. Optimum locations of switching centers and the absolute centers and medians of a graph［J］. Operations Research，1964，12：450－459.

［5］TOREGAS C，SWAIN R，REVELLE C. The location of emergency service facilities［J］. Operations Research，1971，19：1363－1373.

［6］CHURCH R L，REVELLE C. Maximal covering location problem［J］. Papers of the Regional Science Association，1974，32：101－118.

［7］WHITE J，CASE K. On covering problems and the central facility location problem［J］. Geographical Analysis，1974，281.

［8］EATON D J，DASKIN M S，SIMMONS D. Determining emergency medical deployment in Austin，Texas［J］. Interfaces，1985，15（1）：96－108.

［9］SCHILLING D，ELZINGA D，COHON J. The TEAM/FLEET models for simultaneous facility and equipment siting［J］. Transportation Science，1979，13：163－175.

[10] DASKIN M S, STERN E H. A hierarchical objective set covering model for mergency medical service vehicle deployment [J] . Transportation Science, 1981, 15: 137 - 152.

[11] BIANCHI C, CHURCH R. A hybrid FLEET model for emergency medical service system design [J] . Social Sciences in Medicine, 1971: 163 - 171.

[12] HOGAN K, REVELLE C. Concepts and applications of backup coverage [J] . Management Science, 1986, 32: 1434 - 1444.

[13] REVELLE C, SWAIN R W. Central facilities location [J] . Geographical Analysis, 1970, 2: 30 - 42.

[14] CARBONE R. Public facility location under stochastic demand [J] . INFOR, 1974, 12 (3): 261 - 270.

[15] CALVO A, MARKS H. Location of health care facilities: An analytical approach [J] . Socio-Economic Planning Sciences, 1977, 7: 407 - 422.

[16] PALUZZI M. Testing a heuristic P-median location allocation model for siting emergency service facilities. Paper Presented at the Annual Meeting of Association of American Geographers [C] . Philadelphia, 2004.

[17] CARSON Y, BATTA R. Locating an ambulance on the Amherst campus of the State University of New York at Buralo [J] . Interfaces, 1990, 20: 43 - 49.

[18] BERLIN G, REVELLE C, ELZINGA J. Determining ambulance-hospital locations for on-scene and hospital services [J] . Environment and Planning, 1976, 8: 553 - 561.

[19] MANDELL M B. A P-median approach to locating basic life support and advanced life support units. Presented at the CORS/INFORMS National Meeting [C] . Montreal, April, 1998.

[20] SYLVESTER J J. A question in the geometry of situation [J] .

Quarterly Journal of Pure and Applied Mathematics，1857，1：79.

[21] 蔡临宁．物流系统规划建模及实例分析 [M]．北京：机械工业出版社，2003.

[22] GARNKEL R S，NEEBE A W，RAO M R. The m-center problem，Minimax facility location [J]．Management Science，1977，23，1133－1142.

[23] REVELLE C，HOGAN K. The maximum reliability location problem and a-reliable p-center problem：Derivatives of the probabilistic location set covering problem [J]．Annals of Operations Research，1989，18：155－174.

[24] ARAZ C，SELIMH，OZKARAHAN I. A fuzzy multi-objective covering-based vehicle location model for emergency services [J]．Computers & Operations Research，2007，34 (3)：705－726.

[25] JIA H Z，ORDONEZ F，Dessouky M. A Modeling Framework for Facility Location of Medical Services for Large-Scale Emergencies [J]．IIE Transactions，2007，39 (15)：41－55.

[26] GONG Q，BATTA R. A llocation and reallocation of ambulances to casualty clusters in a disaster relief operation [J]．IIE Transactions，2007，39 (1)：27－39.

[27] FIEDRICH F，GEHBAUER F，RICKERS U. Optimized resource allocation for emergency response after earthquake disasters [J]．Safety Science，2000，35：41－57.

[28] SYDNEY C K，CHU L. A modeling framework for hospital location and service allocation [J]．International Transactions in Operational Research，2000，7：539－568.

[29] 贾传亮，池宏，计雷．基于多阶段灭火过程的消防资源布局模型 [J]．系统工程，2005，9：12－15.

[30] 于瑛英，池宏，祁明亮，等．应急管理中资源布局评估与调整

的模型和算法［J］．系统工程，2008，26（1）：75－81.

［31］FRANCISCO A C，LUIZ A N L，GLAYDSTON M R. A decomposition approach for the probabilistic maximal covering location-allocation problem［J］. Computers & Operations Research，2009，36（10）：2729－2739.

［32］REVELLE C. Review，extension and prediction in emergency service siting models［J］. European Journal of Operational Research，1989，40：58－69.

［33］SCHILLING D A. Strategic facility planning：The analysis of options［J］. Decision Sciences，1982，13：1－14.

［34］MIRCHANDANI P B. Locational decisions on stochastic networks［J］. Geographical Analysis，1980，12：172－183.

［35］SERRA D，MARIANOV V. The P-median problem in a changing network：The case of Barcelona［J］. Location Science，1999，6：383－394.

［36］BERMAN O，LARSON R C. Optimal 2-facility network districting in the presence of queuing［J］. Transportation Science，1985，19：261－277.

［37］HOCHBAUM D S，PATHRIA A. Locating centers in a dynamically changing network and related problems［J］. Location Science，1998，6：243－256.

［38］TALMAR M. Location of rescue helicopters in South Tyrol. Paper Presented at 37th Annual ORSNZ Conference［C］. New Zealand：Auckland 2002.

［39］YI W，LINET O. Fuzzy Modeling for Coordinating Logistics in Emergencies. Paper Presented at 17th Annual Fuzzy Conference［C］. London，2009.

［40］计雷，池宏．突发事件应急管理［M］．北京：高等教育出版

社，2005.

［41］杨静，陈建明，赵红．应急突发事件分类分级算法［J］．管理评论，2005，17（4）：37－41.

［42］刘佳，陈建明，陈安．应急管理中的动态模糊分类分级算法研究［J］．管理评论，2007.19（3）：38－43.

［43］KARL F D，WALTER G J，PAMELA C N. Multi-criteria location planning for public facilities in tsunami-prone coastal areas［J］. OR Spectrum，2008，31（3）：651－678.

［44］SHERALI H D，DESAI J，GLICKMAN T S. Allocating Emergency Response Resources to Minimize Risk with Equity Considerations［J］. American Journal of Mathematical and Management Sciences，2004，24（3）：367－410.

［45］LIU C Z，FAN Y Y，FERNANDO O. A two-stage stochastic programming model for transportation network protection［J］. Computers & Operations Research，36（5）：1582－1590.

［46］BARBAROSOGLU G，ARDA Y. A two-stage stochastic programming framework for transportation planning in disaster response［J］. Journal of the Operational Research Society，2004，55（1）：43－53.

［47］BEN-TAL A，NEMIROVSKI A. Robust optimization methodology and applications［J］. Mathematical Programming，2002，92（3）：453－480.

［48］EL-GHAOUI L，LEBRET H，OUSTRY F. Robust solutions to uncertain semidenite programs［J］. SIAM Journal of Optimization，1997，9（1）：345－365.

［49］BERTSIMAS D，SIM M. Robust discrete optimization and network flows［J］. Mathematical Programming，2003，98（1）：49－71.

附录一　中华人民共和国突发事件应对法

第一章　总则

第一条　为了预防和减少突发事件的发生，控制、减轻和消除突发事件引起的严重社会危害，规范突发事件应对活动，保护人民生命财产安全，维护国家安全、公共安全、环境安全和社会秩序，制定本法。

第二条　突发事件的预防与应急准备、监测与预警、应急处置与救援、事后恢复与重建等应对活动，适用本法。

第三条　本法所称突发事件，是指突然发生，造成或者可能造成严重社会危害，需要采取应急处置措施予以应对的自然灾害、事故灾难、公共卫生事件和社会安全事件。

按照社会危害程度、影响范围等因素，自然灾害、事故灾难、公共卫生事件分为特别重大、重大、较大和一般四级。法律、行政法规或者国务院另有规定的，从其规定。

突发事件的分级标准由国务院或者国务院确定的部门制定。

第四条　国家建立统一领导、综合协调、分类管理、分级负责、属地管理为主的应急管理体制。

第五条　突发事件应对工作实行预防为主、预防与应急相结合的原则。国家建立重大突发事件风险评估体系，对可能发生的突发事件进行综合性评估，减少重大突发事件的发生，最大限度地减轻重大突发事件的影响。

第六条　国家建立有效的社会动员机制，增强全民的公共安全和防范风险的意识，提高全社会的避险救助能力。

第七条　县级人民政府对本行政区域内突发事件的应对工作负责；涉及两个以上行政区域的，由有关行政区域共同的上一级人民政府负责，或者由各有关行政区域的上一级人民政府共同负责。

突发事件发生后，发生地县级人民政府应当立即采取措施控制事态发展，组织开展应急救援和处置工作，并立即向上一级人民政府报告，必要时可以越级上报。

突发事件发生地县级人民政府不能消除或者不能有效控制突发事件引起的严重社会危害的，应当及时向上级人民政府报告。上级人民政府应当及时采取措施，统一领导应急处置工作。

法律、行政法规规定由国务院有关部门对突发事件的应对工作负责的，从其规定；地方人民政府应当积极配合并提供必要的支持。

第八条　国务院在总理领导下研究、决定和部署特别重大突发事件的应对工作；根据实际需要，设立国家突发事件应急指挥机构，负责突发事件应对工作；必要时，国务院可以派出工作组指导有关工作。

县级以上地方各级人民政府设立由本级人民政府主要负责人、相关部门负责人、驻当地中国人民解放军和中国人民武装警察部队有关负责人组成的突发事件应急指挥机构，统一领导、协调本级人民政府各有关部门和下级人民政府开展突发事件应对工作；根据实际需要，设立相关类别突发事件应急指挥机构，组织、协调、指挥突发事件应对工作。

上级人民政府主管部门应当在各自职责范围内，指导、协助下级人民政府及其相应部门做好有关突发事件的应对工作。

第九条　国务院和县级以上地方各级人民政府是突发事件应对工作的行政领导机关，其办事机构及具体职责由国务院规定。

第十条 有关人民政府及其部门作出的应对突发事件的决定、命令，应当及时公布。

第十一条 有关人民政府及其部门采取的应对突发事件的措施，应当与突发事件可能造成的社会危害的性质、程度和范围相适应；有多种措施可供选择的，应当选择有利于最大程度地保护公民、法人和其他组织权益的措施。

公民、法人和其他组织有义务参与突发事件应对工作。

第十二条 有关人民政府及其部门为应对突发事件，可以征用单位和个人的财产。被征用的财产在使用完毕或者突发事件应急处置工作结束后，应当及时返还。财产被征用或者征用后毁损、灭失的，应当给予补偿。

第十三条 因采取突发事件应对措施，诉讼、行政复议、仲裁活动不能正常进行的，适用有关时效中止和程序中止的规定，但法律另有规定的除外。

第十四条 中国人民解放军、中国人民武装警察部队和民兵组织依照本法和其他有关法律、行政法规、军事法规的规定以及国务院、中央军事委员会的命令，参加突发事件的应急救援和处置工作。

第十五条 中华人民共和国政府在突发事件的预防、监测与预警、应急处置与救援、事后恢复与重建等方面，同外国政府和有关国际组织开展合作与交流。

第十六条 县级以上人民政府作出应对突发事件的决定、命令，应当报本级人民代表大会常务委员会备案；突发事件应急处置工作结束后，应当向本级人民代表大会常务委员会作出专项工作报告。

第二章　预防与应急准备

第十七条　国家建立健全突发事件应急预案体系。

国务院制定国家突发事件总体应急预案，组织制定国家突发事件专项应急预案；国务院有关部门根据各自的职责和国务院相关应急预案，制定国家突发事件部门应急预案。

地方各级人民政府和县级以上地方各级人民政府有关部门根据有关法律、法规、规章、上级人民政府及其有关部门的应急预案以及本地区的实际情况，制定相应的突发事件应急预案。

应急预案制定机关应当根据实际需要和情势变化，适时修订应急预案。应急预案的制定、修订程序由国务院规定。

第十八条　应急预案应当根据本法和其他有关法律、法规的规定，针对突发事件的性质、特点和可能造成的社会危害，具体规定突发事件应急管理工作的组织指挥体系与职责和突发事件的预防与预警机制、处置程序、应急保障措施以及事后恢复与重建措施等内容。

第十九条　城乡规划应当符合预防、处置突发事件的需要，统筹安排应对突发事件所必需的设备和基础设施建设，合理确定应急避难场所。

第二十条　县级人民政府应当对本行政区域内容易引发自然灾害、事故灾难和公共卫生事件的危险源、危险区域进行调查、登记、风险评估，定期进行检查、监控，并责令有关单位采取安全防范措施。

省级和设区的市级人民政府应当对本行政区域内容易引发特别重大、重大突发事件的危险源、危险区域进行调查、登记、风险评估，组织进行检查、监控，并责令有关单位采取安全防范措施。

县级以上地方各级人民政府按照本法规定登记的危险源、危险区域，应当按照国家规定及时向社会公布。

第二十一条 县级人民政府及其有关部门、乡级人民政府、街道办事处、居民委员会、村民委员会应当及时调解处理可能引发社会安全事件的矛盾纠纷。

第二十二条 所有单位应当建立健全安全管理制度，定期检查本单位各项安全防范措施的落实情况，及时消除事故隐患；掌握并及时处理本单位存在的可能引发社会安全事件的问题，防止矛盾激化和事态扩大；对本单位可能发生的突发事件和采取安全防范措施的情况，应当按照规定及时向所在地人民政府或者人民政府有关部门报告。

第二十三条 矿山、建筑施工单位和易燃易爆物品、危险化学品、放射性物品等危险物品的生产、经营、储运、使用单位，应当制定具体应急预案，并对生产经营场所、有危险物品的建筑物、构筑物及周边环境开展隐患排查，及时采取措施消除隐患，防止发生突发事件。

第二十四条 公共交通工具、公共场所和其他人员密集场所的经营单位或者管理单位应当制定具体应急预案，为交通工具和有关场所配备报警装置和必要的应急救援设备、设施，注明其使用方法，并显著标明安全撤离的通道、路线，保证安全通道、出口的畅通。

有关单位应当定期检测、维护其报警装置和应急救援设备、设施，使其处于良好状态，确保正常使用。

第二十五条 县级以上人民政府应当建立健全突发事件应急管理培训制度，对人民政府及其有关部门负有处置突发事件职责的工作人员定期进行培训。

第二十六条 县级以上人民政府应当整合应急资源，建立或者确定综合性应急救援队伍。人民政府有关部门可以根据实际需要设立专业应急救援队伍。

县级以上人民政府及其有关部门可以建立由成年志愿者组成的应急救援队伍。单位应当建立由本单位职工组成的专职或者兼职应急救援队伍。

县级以上人民政府应当加强专业应急救援队伍与非专业应急救援队伍的合作，联合培训、联合演练，提高合成应急、协同应急的能力。

第二十七条　国务院有关部门、县级以上地方各级人民政府及其有关部门、有关单位应当为专业应急救援人员购买人身意外伤害保险，配备必要的防护装备和器材，减少应急救援人员的人身风险。

第二十八条　中国人民解放军、中国人民武装警察部队和民兵组织应当有计划地组织开展应急救援的专门训练。

第二十九条　县级人民政府及其有关部门、乡级人民政府、街道办事处应当组织开展应急知识的宣传普及活动和必要的应急演练。

居民委员会、村民委员会、企业事业单位应当根据所在地人民政府的要求，结合各自的实际情况，开展有关突发事件应急知识的宣传普及活动和必要的应急演练。

新闻媒体应当无偿开展突发事件预防与应急、自救与互救知识的公益宣传。

第三十条　各级各类学校应当把应急知识教育纳入教学内容，对学生进行应急知识教育，培养学生的安全意识和自救与互救能力。

教育主管部门应当对学校开展应急知识教育进行指导和监督。

第三十一条　国务院和县级以上地方各级人民政府应当采取财政措施，保障突发事件应对工作所需经费。

第三十二条　国家建立健全应急物资储备保障制度，完善重要应急物资的监管、生产、储备、调拨和紧急配送体系。

设区的市级以上人民政府和突发事件易发、多发地区的县级人民政府应当建立应急救援物资、生活必需品和应急处置装备的储备制度。

县级以上地方各级人民政府应当根据本地区的实际情况，与有关企业签订协议，保障应急救援物资、生活必需品和应急处置装备的生产、供给。

第三十三条　国家建立健全应急通信保障体系，完善公用通信网，建立有线与无线相结合、基础电信网络与机动通信系统相配套的应急通信系统，确保突发事件应对工作的通信畅通。

第三十四条　国家鼓励公民、法人和其他组织为人民政府应对突发事件工作提供物资、资金、技术支持和捐赠。

第三十五条 国家发展保险事业，建立国家财政支持的巨灾风险保险体系，并鼓励单位和公民参加保险。

第三十六条 国家鼓励、扶持具备相应条件的教学科研机构培养应急管理专门人才，鼓励、扶持教学科研机构和有关企业研究开发用于突发事件预防、监测、预警、应急处置与救援的新技术、新设备和新工具。

第三章 监测与预警

第三十七条 国务院建立全国统一的突发事件信息系统。

县级以上地方各级人民政府应当建立或者确定本地区统一的突发事件信息系统，汇集、储存、分析、传输有关突发事件的信息，并与上级人民政府及其有关部门、下级人民政府及其有关部门、专业机构和监测网点的突发事件信息系统实现互联互通，加强跨部门、跨地区的信息交流与情报合作。

第三十八条 县级以上人民政府及其有关部门、专业机构应当通过多种途径收集突发事件信息。

县级人民政府应当在居民委员会、村民委员会和有关单位建立专职或者兼职信息报告员制度。

获悉突发事件信息的公民、法人或者其他组织，应当立即向所在地人民政府、有关主管部门或者指定的专业机构报告。

第三十九条 地方各级人民政府应当按照国家有关规定向上级人民政府报送突发事件信息。县级以上人民政府有关主管部门应当向本级人民政府相关部门通报突发事件信息。专业机构、监测网点和信息报告员应当及时向所在地人民政府及其有关主管部门报告突发事件信息。

有关单位和人员报送、报告突发事件信息，应当做到及时、客观、真实，不得迟报、谎报、瞒报、漏报。

第四十条　县级以上地方各级人民政府应当及时汇总分析突发事件隐患和预警信息，必要时组织相关部门、专业技术人员、专家学者进行会商，对发生突发事件的可能性及其可能造成的影响进行评估；认为可能发生重大或者特别重大突发事件的，应当立即向上级人民政府报告，并向上级人民政府有关部门、当地驻军和可能受到危害的毗邻或者相关地区的人民政府通报。

第四十一条　国家建立健全突发事件监测制度。

县级以上人民政府及其有关部门应当根据自然灾害、事故灾难和公共卫生事件的种类和特点，建立健全基础信息数据库，完善监测网络，划分监测区域，确定监测点，明确监测项目，提供必要的设备、设施，配备专职或者兼职人员，对可能发生的突发事件进行监测。

第四十二条　国家建立健全突发事件预警制度。

可以预警的自然灾害、事故灾难和公共卫生事件的预警级别，按照突发事件发生的紧急程度、发展势态和可能造成的危害程度分为一级、二级、三级和四级，分别用红色、橙色、黄色和蓝色标示，一级为最高级别。

预警级别的划分标准由国务院或者国务院确定的部门制定。

第四十三条　可以预警的自然灾害、事故灾难或者公共卫生事件即将发生或者发生的可能性增大时，县级以上地方各级人民政府应当根据有关法律、行政法规和国务院规定的权限和程序，发布相应级别的警报，决定并宣布有关地区进入预警期，同时向上一级人民政府报告，必要时可以越级上报，并向当地驻军和可能受到危害的毗邻或者相关地区的人民政府通报。

第四十四条　发布三级、四级警报，宣布进入预警期后，县级以上地方各级人民政府应当根据即将发生的突发事件的特点和可能造成的危害，采取下列措施：

（一）启动应急预案；

（二）责令有关部门、专业机构、监测网点和负有特定职责的人员及时收集、报告有关信息，向社会公布反映突发事件信息的渠道，加强对突发事件发生、发展情况的监测、预报和预警工作；

（三）组织有关部门和机构、专业技术人员、有关专家学者，随时对突发事件信息进行分析评估，预测发生突发事件可能性的大小、影响范围和强度以及可能发生的突发事件的级别；

（四）定时向社会发布与公众有关的突发事件预测信息和分析评估结果，并对相关信息的报道工作进行管理；

（五）及时按照有关规定向社会发布可能受到突发事件危害的警告，宣传避免、减轻危害的常识，公布咨询电话。

第四十五条 发布一级、二级警报，宣布进入预警期后，县级以上地方各级人民政府除采取本法第四十四条规定的措施外，还应当针对即将发生的突发事件的特点和可能造成的危害，采取下列一项或者多项措施：

（一）责令应急救援队伍、负有特定职责的人员进入待命状态，并动员后备人员做好参加应急救援和处置工作的准备；

（二）调集应急救援所需物资、设备、工具，准备应急设施和避难场所，并确保其处于良好状态、随时可以投入正常使用；

（三）加强对重点单位、重要部位和重要基础设施的安全保卫，维护社会治安秩序；

（四）采取必要措施，确保交通、通信、供水、排水、供电、供气、供热等公共设施的安全和正常运行；

（五）及时向社会发布有关采取特定措施避免或者减轻危害的建议、劝告；

（六）转移、疏散或者撤离易受突发事件危害的人员并予以妥善安置，转移重要财产；

（七）关闭或者限制使用易受突发事件危害的场所，控制或者限制容易导致危害扩大的公共场所的活动；

（八）法律、法规、规章规定的其他必要的防范性、保护性措施。

第四十六条　对即将发生或者已经发生的社会安全事件，县级以上地方各级人民政府及其有关主管部门应当按照规定向上一级人民政府及其有关主管部门报告，必要时可以越级上报。

第四十七条　发布突发事件警报的人民政府应当根据事态的发展，按照有关规定适时调整预警级别并重新发布。

有事实证明不可能发生突发事件或者危险已经解除的，发布警报的人民政府应当立即宣布解除警报，终止预警期，并解除已经采取的有关措施。

第四章　应急处置与救援

第四十八条　突发事件发生后，履行统一领导职责或者组织处置突发事件的人民政府应当针对其性质、特点和危害程度，立即组织有关部门，调动应急救援队伍和社会力量，依照本章的规定和有关法律、法规、规章的规定采取应急处置措施。

第四十九条　自然灾害、事故灾难或者公共卫生事件发生后，履行统一领导职责的人民政府可以采取下列一项或者多项应急处置措施：

（一）组织营救和救治受害人员，疏散、撤离并妥善安置受到威胁的人员以及采取其他救助措施；

（二）迅速控制危险源，标明危险区域，封锁危险场所，划定警戒区，实行交通管制以及其他控制措施；

（三）立即抢修被损坏的交通、通信、供水、排水、供电、供气、供热等公共设施，向受到危害的人员提供避难场所和生活必需品，实施医疗救护和卫生防疫以及其他保障措施；

（四）禁止或者限制使用有关设备、设施，关闭或者限制使用有关场所，中止人员密集的活动或者可能导致危害扩大的生产经营活动以及采取其他保护措施；

（五）启用本级人民政府设置的财政预备费和储备的应急救援物资，必要时调用其他急需物资、设备、设施、工具；

（六）组织公民参加应急救援和处置工作，要求具有特定专长的人员提供服务；

（七）保障食品、饮用水、燃料等基本生活必需品的供应；

（八）依法从严惩处囤积居奇、哄抬物价、制假售假等扰乱市场秩序的行为，稳定市场价格，维护市场秩序；

（九）依法从严惩处哄抢财物、干扰破坏应急处置工作等扰乱社会秩序的行为，维护社会治安；

（十）采取防止发生次生、衍生事件的必要措施。

第五十条 社会安全事件发生后，组织处置工作的人民政府应当立即组织有关部门并由公安机关针对事件的性质和特点，依照有关法律、行政法规和国家其他有关规定，采取下列一项或者多项应急处置措施：

（一）强制隔离使用器械相互对抗或者以暴力行为参与冲突的当事人，妥善解决现场纠纷和争端，控制事态发展；

（二）对特定区域内的建筑物、交通工具、设备、设施以及燃料、燃气、电力、水的供应进行控制；

（三）封锁有关场所、道路，查验现场人员的身份证件，限制有关公共场所内的活动；

（四）加强对易受冲击的核心机关和单位的警卫，在国家机关、军事机关、国家通讯社、广播电台、电视台、外国驻华使领馆等单位附近设置临时警戒线；

（五）法律、行政法规和国务院规定的其他必要措施。

严重危害社会治安秩序的事件发生时，公安机关应当立即依法出动警力，根据现场情况依法采取相应的强制性措施，尽快使社会秩序恢复正常。

第五十一条　发生突发事件，严重影响国民经济正常运行时，国务院或者国务院授权的有关主管部门可以采取保障、控制等必要的应急措施，保障人民群众的基本生活需要，最大限度地减轻突发事件的影响。

第五十二条　履行统一领导职责或者组织处置突发事件的人民政府，必要时可以向单位和个人征用应急救援所需设备、设施、场地、交通工具和其他物资，请求其他地方人民政府提供人力、物力、财力或者技术支援，要求生产、供应生活必需品和应急救援物资的企业组织生产、保证供给，要求提供医疗、交通等公共服务的组织提供相应的服务。

履行统一领导职责或者组织处置突发事件的人民政府，应当组织协调运输经营单位，优先运送处置突发事件所需物资、设备、工具、应急救援人员和受到突发事件危害的人员。

第五十三条　履行统一领导职责或者组织处置突发事件的人民政府，应当按照有关规定统一、准确、及时发布有关突发事件事态发展和应急处置工作的信息。

第五十四条　任何单位和个人不得编造、传播有关突发事件事态发展或者应急处置工作的虚假信息。

第五十五条　突发事件发生地的居民委员会、村民委员会和其他组织应当按照当地人民政府的决定、命令，进行宣传动员，组织群众开展自救和互救，协助维护社会秩序。

第五十六条　受到自然灾害危害或者发生事故灾难、公共卫生事件的单位，应当立即组织本单位应急救援队伍和工作人员营救受害人员，疏散、撤离、安置受到威胁的人员，控制危险源，标明危险区域，封锁危险场所，并采取其他防止危害扩大的必要措施，同时向所在地县级人民政府报告；对因本单位的问题引发的或者主体是本单位人员的社会安全事件，有关单位应当按照规定上报情况，并迅速派出负责人赶赴现场开展劝解、疏导工作。

突发事件发生地的其他单位应当服从人民政府发布的决定、命令，配合人民政府采取的应急处置措施，做好本单位的应急救援工作，并积极组织人员参加所在地的应急救援和处置工作。

第五十七条 突发事件发生地的公民应当服从人民政府、居民委员会、村民委员会或者所属单位的指挥和安排，配合人民政府采取的应急处置措施，积极参加应急救援工作，协助维护社会秩序。

第五章 事后恢复与重建

第五十八条 突发事件的威胁和危害得到控制或者消除后，履行统一领导职责或者组织处置突发事件的人民政府应当停止执行依照本法规定采取的应急处置措施，同时采取或者继续实施必要措施，防止发生自然灾害、事故灾难、公共卫生事件的次生、衍生事件或者重新引发社会安全事件。

第五十九条 突发事件应急处置工作结束后，履行统一领导职责的人民政府应当立即组织对突发事件造成的损失进行评估，组织受影响地区尽快恢复生产、生活、工作和社会秩序，制定恢复重建计划，并向上一级人民政府报告。

受突发事件影响地区的人民政府应当及时组织和协调公安、交通、铁路、民航、邮电、建设等有关部门恢复社会治安秩序，尽快修复被损坏的交通、通信、供水、排水、供电、供气、供热等公共设施。

第六十条 受突发事件影响地区的人民政府开展恢复重建工作需要上一级人民政府支持的，可以向上一级人民政府提出请求。上一级人民政府应当根据受影响地区遭受的损失和实际情况，提供资金、物资支持和技术指导，组织其他地区提供资金、物资和人力支援。

第六十一条 国务院根据受突发事件影响地区遭受损失的情况，制定扶持该地区有关行业发展的优惠政策。

受突发事件影响地区的人民政府应当根据本地区遭受损失的情况，制定救助、补偿、抚慰、抚恤、安置等善后工作计划并组织实施，妥善解决因处置突发事件引发的矛盾和纠纷。

公民参加应急救援工作或者协助维护社会秩序期间，其在本单位的工资待遇和福利不变；表现突出、成绩显著的，由县级以上人民政府给予表彰或者奖励。

县级以上人民政府对在应急救援工作中伤亡的人员依法给予抚恤。

第六十二条　履行统一领导职责的人民政府应当及时查明突发事件的发生经过和原因，总结突发事件应急处置工作的经验教训，制定改进措施，并向上一级人民政府提出报告。

第六章　法律责任

第六十三条　地方各级人民政府和县级以上各级人民政府有关部门违反本法规定，不履行法定职责的，由其上级行政机关或者监察机关责令改正；有下列情形之一的，根据情节对直接负责的主管人员和其他直接责任人员依法给予处分：

（一）未按规定采取预防措施，导致发生突发事件，或者未采取必要的防范措施，导致发生次生、衍生事件的；

（二）迟报、谎报、瞒报、漏报有关突发事件的信息，或者通报、报送、公布虚假信息，造成后果的；

（三）未按规定及时发布突发事件警报、采取预警期的措施，导致损害发生的；

（四）未按规定及时采取措施处置突发事件或者处置不当，造成后果的；

（五）不服从上级人民政府对突发事件应急处置工作的统一领导、指挥和协调的；

（六）未及时组织开展生产自救、恢复重建等善后工作的；

（七）截留、挪用、私分或者变相私分应急救援资金、物资的；

（八）不及时归还征用的单位和个人的财产，或者对被征用财产的单位和个人不按规定给予补偿的。

第六十四条 有关单位有下列情形之一的，由所在地履行统一领导职责的人民政府责令停产停业，暂扣或者吊销许可证或者营业执照，并处五万元以上二十万元以下的罚款；构成违反治安管理行为的，由公安机关依法给予处罚：

（一）未按规定采取预防措施，导致发生严重突发事件的；

（二）未及时消除已发现的可能引发突发事件的隐患，导致发生严重突发事件的；

（三）未做好应急设备、设施日常维护、检测工作，导致发生严重突发事件或者突发事件危害扩大的；

（四）突发事件发生后，不及时组织开展应急救援工作，造成严重后果的。

前款规定的行为，其他法律、行政法规规定由人民政府有关部门依法决定处罚的，从其规定。

第六十五条 违反本法规定，编造并传播有关突发事件事态发展或者应急处置工作的虚假信息，或者明知是有关突发事件事态发展或者应急处置工作的虚假信息而进行传播的，责令改正，给予警告；造成严重后果的，依法暂停其业务活动或者吊销其执业许可证；负有直接责任的人员是国家工作人员的，还应当对其依法给予处分；构成违反治安管理行为的，由公安机关依法给予处罚。

第六十六条 单位或者个人违反本法规定，不服从所在地人民政府及其有关部门发布的决定、命令或者不配合其依法采取的措施，构成违反治安管理行为的，由公安机关依法给予处罚。

第六十七条 单位或者个人违反本法规定，导致突发事件发生或者危害扩大，给他人人身、财产造成损害的，应当依法承担民事责任。

第六十八条　违反本法规定，构成犯罪的，依法追究刑事责任。

第七章　附则

第六十九条　发生特别重大突发事件，对人民生命财产安全、国家安全、公共安全、环境安全或者社会秩序构成重大威胁，采取本法和其他有关法律、法规、规章规定的应急处置措施不能消除或者有效控制、减轻其严重社会危害，需要进入紧急状态的，由全国人民代表大会常务委员会或者国务院依照《宪法》和其他有关法律规定的权限和程序决定。

紧急状态期间采取的非常措施，依照有关法律规定执行或者由全国人民代表大会常务委员会另行规定。

第七十条　本法自2007年11月1日起施行。

附录二　应急物资分类设置——按照应急物资的性质划分

1. 防护用品

［卫生防疫］防护服（衣、帽、鞋、手套、眼镜），测温计（仪）；

［化学放射污染］防毒面具；

［消防］防火服，头盔，手套，面具，消防靴；

［海难］潜水服（衣）、水下呼吸器；

［爆炸］防爆服；

［防暴］盾牌、盔甲；

［通用］安全帽（头盔）、安全鞋、水靴，呼吸面具。

2. 生命救助

［外伤］止血绷带，骨折固定托架（板）；

［海难］救捞船，救生圈，救生衣，救生艇（筏），救生缆索，减压舱；

［高空坠落］保护气垫，防护网，充气滑梯，云梯；

［掩埋］红外探测器，生物传感器；

［通用］担架（车），保温毯，氧气机（瓶、袋），直升机救生吊具（索具、网），生命探测仪。

3. 生命支持

［窒息］便携呼吸机；

［呼吸中毒］高压氧舱；

［食物中毒］洗胃设备；

［通用］输液设备、输氧设备、急救药品、防疫药品。

4. 救援运载

［防疫］隔离救护车，隔离担架；

［海难］医疗救生船（艇）；

［空投］降落伞，缓冲底盘；

［通用］救护车，救生飞机（直升、水上、雪地、短距起降，土地、草地跑道起降）。

5. 临时食宿

［饮食］炊事车（轮式、轨式），炊具，餐具；

［饮用水］供水车，水箱，瓶装水，过滤净化机（器），海水淡化机；

［食品］压缩食品，罐头，真空包装食品；

［住宿］帐篷（普通、保温），宿营车（轮式、轨式），移动房屋（组装、集装箱式、轨道式、轮式），棉衣，棉被；

［卫生］简易厕所（移动、固定），简易淋浴设备（车）。

6. 污染清理

［防疫］消毒车（船、飞机），喷雾器，垃圾焚烧炉；

［垃圾清理］垃圾箱（车、船），垃圾袋；

［核辐射］消毒车；

［通用］杀菌灯，消毒杀菌药品，凝油剂、吸油毡、隔油浮漂。

7. 动力燃料

［发电］发电车（轮式、轨式），燃油发电机组；

［配电］防爆防水电缆、配电箱（开关），电线杆；

［气源］移动式空气压缩机，乙炔发生器，工业氧气瓶；

［燃料］煤油，柴油，汽油，液化气；

［通用］干电池、蓄电池（配充电设备）。

8. 工程设备

［岩土］推土机，挖掘机，铲运机，压路机，破碎机，打桩机，工程钻机，凿岩机，平整机，翻土机；

［水工］抽水机，潜水泵，深水泵，吹雪机，铲雪机；

［通风］通风机，强力风扇，鼓风机；

［起重］吊车（轮式、轨式），叉车；

［机械］电焊机，切割机；

［气象］灭雹高射炮，气象雷达；

［牵引］牵引车（轮式、轨式）、拖船、拖车、拖拉机；

［消防］消防车（普通、高空），消防船，灭火飞机。

9. 器材工具

［起重］葫芦，索具，浮桶，绞盘，撬棍，滚杠，千斤顶；

［破碎紧固］手锤，钢钎，电钻，电锯，油锯，断线钳，张紧器，液压剪；

［消防］灭火器、灭火弹，风力灭火机；

［声光报警］警报器（电动、手动），照明弹，信号弹，烟雾弹，警报灯，发光（反光）标记；

［观察］防水望远镜，工业内窥镜，潜水镜；

［通用］普通五金工具，绳索。

10. 照明设备

［工作照明］手电，矿灯，风灯，潜水灯；

［场地照明］探照灯，应急灯、防水灯。

11. 通信广播

［无线通信］海事卫星电话，电台（移动、便携、车载），移动电话，对讲机；

［广播］有线广播器材，广播车，扩音器（喇叭），电视转发台（车）。

12. 交通运输

［桥梁］舟桥、吊桥、钢梁桥、吊索桥；

［陆地］越野车，沙漠车，摩托雪橇；

［水上］气垫船，沼泽水橇，汽车轮渡，登陆艇；

［空中］货运、空投飞机或直升机，临时跑道。

13. 工程材料

[防水防雨抢修] 帆布，苫布，防水卷材，快凝快硬水泥；

[临时建筑构筑物] 型钢，薄钢板，厚钢板，钢丝，钢丝绳（钢绞线），桩（钢管桩、钢板桩、混凝土桩、木桩），上下水管道，混凝土建筑构件，纸面石膏板，纤维水泥板，硅酸钙板，水泥，砂石料，

[防洪] 麻袋（编织袋），防渗布料涂料，土工布，铁丝网，铁丝，钉子、铁锨，排水管件，抽水机组。